ビデオ会議 & ウェビナー
まるわかり！

商談も
プレゼンも
完璧！

Zoom
実用ワザ大全

リブロワークス［著］

日経BP

●本書の解説は、Windows 10、macOS、iOS/iPadOS、Android上で動作するZoom
（2021年10月時点の最新版）に基づいています。OSの種類やバージョンにより、画
面のデザインや動作が異なる場合があります。また、OSやZoomの今後のバージョン
アップにより、変更される可能性もあります。

はじめに

　ビジネスコミュニケーションにおいて、今や必要不可欠になったビデオミーティングツール。その代表格が、本書で解説する「Zoom」です。使いやすさ、動画の安定性、機能の豊富さなどが評価され、世界中でZoomの利用が拡大しています。みなさんの中にも、すでに使い始めている方がいるかもしれません。

　しかし、「組織で利用する際の適切なプランや設定がわからない」「Zoomでの社内セミナーを実施するよう指示され、途方に暮れている」……。そんな一歩踏み込んだ使い方において、悩みを抱えている方も多くいらっしゃるのではないでしょうか。

　本書では、ミーティングの開催／参加といった基本的な情報はもちろん、ウェビナー機能を使ったオンラインセミナーの開催方法など、一段上の活用法まで丁寧に解説しています。さらにビデオミーティングに必要な機材など、オンラインコミュニケーションに幅広く役立つプラスアルファのノウハウも、多数盛り込みました。

　「働き方」が大きく変わりつつある昨今、「コミュニケーションのあり方」も変革のときを迎えています。政府が推進する働き方改革の中で、とりわけ注目されている「テレワーク」とは、場所にとらわれず、柔軟に働く勤務形態のことです。この取り組みが広がるとともに、ビジネスにおけるコミュニケーションの場も対面からオンラインへと急速にシフトしつつあり、Zoomがその中心的な役割を担っています。こうした変化は、「時間をかけてわざわざ打ち合わせ場所まで移動する」「何時間もダラダラと話し合いを続ける」といった、これまでのビジネスコミュニケーションに見られた問題を一掃しました。新型コロナウイルス感染拡大とともにテレワークはさらに広がりましたが、「むしろもっと早くオンライン化すべきだった」と感じた方も少なくないはずです。オンライン化の潮流は、不可逆的な時代の流れと捉えるべきなのです。

　と同時に、この変化は、事業の効率化やワークライフバランスの充実に向けたチャンスと捉え直すこともできます。本書が、その可能性を広げ、「新しい働き方」を築く道しるべになれば幸いです。

リブロワークス

CONTENTS

CONTENTS

第5章 ウェビナーの開催 123

第1章

活用の基礎知識

テレワークが主流となりつつある昨今、
「ビデオミーティングツール」を使いこなせなければ
もはや仕事にならないともいえる。
群雄割拠の様相を呈するツールの中で、
やはり代表といえるのは「Zoom」だろう。
つまりZoomを使いこなすスキルは、
ビジネスパーソンに必須の要素となっているのだ。
ここでは、Zoomで何ができるのか、
Zoomに必要な環境など、
基本的な知識を身に付けよう。

Zoom

Section 01　テレワーク時代の必須ツール「Zoom」

　「決められた場所へ決められた時間に出社し、業務をこなす」……。そんな働き方は過去のものとなりつつあり、現在では自宅やカフェ、パブリックスペースなど、オフィスから離れた場所で仕事をする「テレワーク」が浸透している。

　テレワークで最も重要といえるのが、社内外の円滑なコミュニケーションだ。それぞれが異なる場所で業務を行うため、必然的にパソコンやスマホなどのデバイスを使ったコミュニケーションが増えるが、メールや電話だけではどうしても細かなニュアンスが伝わりづらい。そこで注目されたのが、「ビデオミーティングツール」である。ビデオミーティングなら互いの顔を見ることができるため、相手の反応を確かめながら適切な意思疎通が可能となる。

　そんなビデオミーティングツールの中でも代表的な存在なのが、本書で解説する「Zoom」だ（**図1**）。Zoomはビデオミーティングに特化したコミュニケーションツールであり、数人での打ち合わせから、面接や研修、ウェビナー（ウェブセミナー）に至るまで、実に幅広い用途で利用されている。

　このZoomは、どのような点で革新的だったのだろうか。

Zoomはビデオミーティングツールの代名詞的存在

◖図1 Zoomは専用の機器やシステムも不要で、パソコンやスマホさえあればすぐにビデオミーティングを開始できる。金銭的なコストのほか、導入に当たっての心理的なコストも最小限に抑えられる

まず挙げられるのが、圧倒的な使いやすさである。Zoomはミーティングに参加するだけなら、送られてきたURLをクリックするだけでよい（**図2**）。ほかの多くのサービスと違い、相手と同じアプリをインストールしたり、アカウントを作ったりする手順を踏まなくてもミーティングに参加できる。また操作がシンプルで扱いやすく、ITリテラシーの高くない人でも扱いやすい点も評価され、企業での導入が相次いだ。

次に、モバイル端末でも使いやすいように最適化されている点が挙げられる（**図3**）。それぞれの環境に合わせてデータをやり取りする設計になっているため、モバイル端末からの利用でもネットワーク回線が安定し、途切れにくい。

機能の豊富さもポイントの1つ（**図4**）。「チャット」機能や「画面共有」機能など、スムーズなミーティングに欠かせない機能がしっかり備わっている。

ビデオミーティングツールを使いこなすスキルは、テレワーク時代を生き抜くビジネスパーソンに必須といえる。Zoomを武器に、仕事の可能性をさらに大きく広げよう。

シンプルな操作で簡単に開始・参加できる

小栗ヒロ
To 自分, nsj.yuta, mel.kuwana2021 ▾

ヒロ 小栗さんがあなたを予約されたZoomミーティングに招待しています。

トピック: マイミーティング
時間: 2021年9月27日 06:00 PM 大阪、札幌、東京

Zoomミーティングに参加する
https://us02web.zoom.us/j/81905592780?pwd=aFNONkxvWGdET1BsQXgxejVmQ3g4dz09

ミーティングID: 819 0559 2780

⤴**図2** URLをクリックするだけでミーティングに参加できるので、参加者側はアプリのインストールやアカウント作成の手間が不要。アカウントを作成する場合も、必要なのはメールアドレスだけという手軽さだ

デバイスを問わず参加可能、機能も充実

⤴**図3** デバイスの融通が利くのも魅力の1つ。パソコンだけでなく、スマホやタブレット（iOS/iPadOS、Android OS）にも対応している。もちろんアプリは無料でインストール可能

⤴**図4** チャットならメールのような挨拶も不要で、会話するように議論が行える。ファイル共有や画面共有などの機能も使えば、従来のような対面の打ち合わせよりも充実したミーティングが可能になる

Zoomには無料／有料プランがある

　Zoomには無料プランと有料プランがあり、さらに有料プランはプロ、ビジネス、企業プランに分かれている（そのほか、教育機関向けプランもある）。

　無料プランと有料プランの一番大きな違いは、参加者が3人以上のミーティングでの時間制限の有無だ。ミーティングの主催者が無料プラン、かつ3人以上がミーティングに参加する場合、40分で強制的に打ち切られてしまう。この制約をなくすには、主催者側がプロプラン以上を契約する必要がある（参加者は契約不要）。

　有料プランで注目すべきは「ライセンス数」だ。ライセンスとはミーティングを主催できる権利のこと。複数のライセンスを契約すれば、複数のミーティングを同時に主催できるので、ミーティング開始時刻を社内調整してアカウントを使い回す必要もなくなる。Zoomでは、契約できるライセンス数の上限がプランによって異なる。9ライセンスまでならプロプランで問題ないが、10ライセンス以上必要なら、ビジネスプランか企業プランを契約する必要がある。

Zoomには主に4つのプランがある

	無料	有料		
		プロ	ビジネス	企業
料金	無料	2000円／月×ライセンス数	2700円／月×ライセンス数	2700円／月×ライセンス数
ミーティング時間（3人以上の場合）	40分	30時間	30時間	30時間
取得ライセンス数	-	1〜9まで	10〜49まで	50以上
最大参加人数	100人まで	100人まで（オプションで1000人まで）	300人まで（オプションで1000人まで）	500人まで（オプションで1000人まで）
録画・録音	○（ローカルのみ）	○（ローカル、クラウド）	○（ローカル、クラウド）	○（ローカル、クラウド）
共同ホスト	×	○	○	○
ライブ配信	×	○	○	○
オプション購入	×	○	○	○

Section 03 使い方次第では 無料プランでも十分

基本的なミーティングだけなら、無料プランでも十分だ。

無料プランは、インスタントミーティング（予約せずすぐに開催するミーティング）はもちろん、「ミーティングの予約」機能や「チャット」機能、「ファイル共有」機能なども有料プランと同じように使える。そのほか、特定の参加者の画面を全員で確認できる「画面共有」機能、参加者を複数のグループに分ける「ブレイクアウトルーム」機能といった基本的なものは網羅している。「1対1（2人）でしかミーティングしない」ということなら、40分の時間制限もないので、無料プランでも問題ないだろう（**図1**）。

ただし、無料プランでは録画・録音がローカル（自分のデバイス）上にしか保存できないので、デバイスの空き容量を圧迫する懸念がある。また、有料ライセンスの管理機能もなく、ウェビナーなどのオプション購入もできない。複数人でのミーティングやウェビナーを開催したい、ミーティングを主催できる権利（ライセンス）を複数契約したいなど、主にビジネスでの利用を想定しているなら、有料プランを検討しよう。

1対1のミーティングなら無料プランでOK

◆**図1** 1対1（2人）のミーティングなら、無料プランでも時間無制限で行える。「チャット」「ファイル共有」「ブレイクアウトルーム」なども有料プランと変わらず利用できる

Section 04 個人事業主や中小企業なら プロプランがお薦め

　個人事業主や中小企業など、「3人以上のミーティングを主催することは多いが、複雑な管理機能まではいらない」という場合は、プロプランがお薦めだ。

　プロプランは1ライセンスから契約でき、最大でも9ライセンスまでの契約なので、比較的小規模の組織に向いている。ミーティングの最大参加者数は無料プランと同じ100人だが、無料プランでは40分の時間制限があった「3人以上のミーティング」が30時間に延長され、時間を気にせずミーティングできるようになる（図1）。録画・録音したデータはクラウドに保存できるので、共有も容易だ（クラウド容量は1GB×ライセンス数）。オプション機能も購入可能なので、用途に合わせて自由にカスタマイズできる（図2）。

有料プランでZoomの機能をフル活用する

3人以上のミーティング

⬅図1 プロプランは小規模組織向けながら、3人以上のミーティングの時間制限が実質的になくなるのが大きい。加えて、無料プランにはない「クラウド保存」機能や「ライブ配信」機能、ミーティングを補助する人を任命できる「共同ホスト」機能なども利用できるようになる

ウェビナー

⬅図2 オプションを購入し機能を拡張できるのも、有料プランならでは。ウェビナー、クラウド容量の追加、ミーティング参加人数の追加、Zoom Rooms（会議室同士をオンラインで接続するテレビ会議システム）など豊富なオプションが用意されている

Section 05 中規模〜大企業向けの ビジネスプランと企業プラン

　「会社の人数が多く、部署ごとに会議を開く必要がある」……。そんなときは、中規模〜大企業向けに用意されているビジネスプランまたは企業プランを検討しよう。

　ビジネスプランは最低でも10ライセンスからの契約となり、最大で49ライセンスまで契約できる。つまり、料金は最低でも月2万7000円（2700円×10ライセンス）からになるということだ。対して企業プランは、50ライセンス以上を契約する場合に選択するプランとなる。料金は、最低でも月13万5000円（2700円×50ライセンス）からだ。

　ミーティングに参加できる人数の上限もそれぞれ異なり、ビジネスプランでは300人、企業プランでは500人に増加する。

　そのほか、社員が共通の会社ドメインを使ってサインインできる「シングルサインオン」機能や、企業をアピールできる「ブランディング」機能なども利用できる。もちろん、プロプラン同様にオプションを購入してのカスタマイズも可能だ（**図1**）。なお、ビジネスプランでは「ウェビナー」機能がオプションでの購入となるが、企業プランでは最初から利用できる。

オプションを購入してカスタマイズ

◆図1 初期のクラウド容量は、プロ、ビジネスプランともに1ライセンスにつき1GBだが、オプションを購入することで3TBまで増設できる（企業プランは無制限）。ミーティング参加者数の上限に関しては、プロプランでは100人、ビジネスプランでは300人、企業プランでは500人だが、いずれもオプション購入によって1000人まで追加可能だ

Section 06 Zoomを使うために必要な環境を知る

　Zoomはパソコン、スマホ、タブレットなどさまざまなデバイスに対応している。同じアカウントでサインインすれば、普段は業務で使っているWindowsパソコンでZoomを利用し、外出先ではタブレットやスマホで利用するといった使い分けも可能だ。

　Zoomにはそれぞれのデバイスに対応したアプリが用意されているが、パソコンではGoogle ChromeやMicrosoft Edgeなどで利用できるウェブブラウザー版も用意されている。ただし「ホワイトボード」機能が利用できなかったり、SafariやWindows 10 Home搭載マシンのMicrosoft Edgeを利用すると「画面共有」ができなかったりするなどの制約がある。そのため基本的にはアプリ版を利用するのがお勧め。会社のセキュリティ上の制約でパソコンにアプリをインストールできないなど、やむを得ない事情がある場合のみウェブブラウザー版を利用するとよい。

　まずは、Zoomに対応しているOSやウェブブラウザーなどの環境を下表で確認しよう。

　ハードウエアとしては、パソコンやスマホなどのデバイスのほか、最低限カメラ、スピーカー、マイクが必要だ。これらは最近のパソコンにはたいてい内蔵されている。

　ただ、別途イヤホンやヘッドホンがあると、相手の声をクリアに聞くことができるので

Zoomを利用できるOS

パソコン	スマホ	タブレット
Windows 7/8/8.1/10/11	iOS 8.0 以降	iPadOS 13 以降
macOS X 10.9以降	Android 5.0x 以降	Windows 8.1 以降の Surface PRO 2以降

※そのほかLinuxなど各種OSに対応。ChromebookはPWA版を利用可能（Chrome OS 91を推奨）

Zoomを利用できるウェブブラウザー

Windows	Mac
Microsoft Edge 12以降	Safari 7以降
Mozilla Firefox 27以降	Mozilla Firefox 27以降
Google Chrome 30以降	Google Chrome 30以降

お勧め（**図1**）。もちろん、スマホなどに付属しているもので問題ない。

　カメラ、スピーカー、マイクが内蔵されていないパソコンを利用する場合はもちろんだが、会議室などに設置した1台のパソコンを使って複数人が参加する必要がある場合も、外付けのウェブカメラやスピーカー、マイクを導入すると快適にミーティングができる（**図2**）。さらに自分の映りにこだわるなら、照明器具などを利用するという手もある。具体的な製品の例は、162〜165ページを参照してほしい。

基本はパソコンだけでOKだが…

◎**図1** 基本はカメラ、マイク、スピーカーが内蔵されているパソコンやスマホがあれば問題なく利用できる。加えてイヤホンやヘッドホンがあるとより使いやすい。ヘッドホンとマイクが一体になったヘッドセットをパソコンに接続すれば、相手の声が聞きやすくなるだけでなく、自分の声も相手に聞こえやすくなり、よりスムーズにミーティングを進められる

ウェブカメラやマイクもあるとさらに便利

◎**図2** 複数人で1台のパソコンを使う場合は、広範囲の撮影に向いている広角のウェブカメラや、幅広く音を拾うためのマイク、話を聞き取りやすくするためのスピーカーを用意することをお勧めする

Section 07 デスクトップアプリを インストールする

18ページの通り、Zoomにはパソコン用のデスクトップアプリ、スマホアプリ、ウェブブラウザー版がある。ここではデスクトップアプリのインストール方法、アカウント作成方法、サインイン方法について順を追って解説する。

まずはデスクトップアプリをパソコンにインストールしよう。方法は非常に簡単で、Zoomウェブポータル（https://zoom.us/）を開き、「ミーティングクライアント」をクリックして、「ダウンロード」をクリックするだけだ（**図1**）。この流れは、Windowsパソコンでも Mac でも変わらない。なおここでは、Google Chromeを用いて解説する。

Zoomのデスクトップアプリをパソコンにインストールする

⬆⬇図1 ウェブブラウザーからZoomウェブポータル（https://zoom.us/）にアクセスし、ページ下部の「ダウンロード」にある「ミーティングクライアント」をクリックする（❶❷）。次に「ミーティング用Zoomクライアント」の「ダウンロード」をクリック（❸）。ダウンロードしたファイルを実行してインストールしよう。Google Chromeでは、画面左下に表示されるファイル名をクリックすればインストールできる（❹）。インストールが完了すると、Zoomのデスクトップアプリが起動する

アカウントの新規作成はデスクトップアプリではできず、ウェブブラウザー上で行う必要がある。左ページ同様Zoomウェブポータルを開き、「サインアップは無料です」から作成を開始する（**図2**）。登録するメールアドレスを入力すると、そのアドレス宛てにアクティベーションメールが届く。メールを開き、「アカウントをアクティベート」をクリックして名前とパスワードを入力すれば、アカウントの作成は完了する（**図3**）。

なお、新規のアカウントを作らずに、手持ちのGoogleアカウントやFacebookアカウントでZoomを利用することも可能だ。

Zoomのアカウントを新規作成する

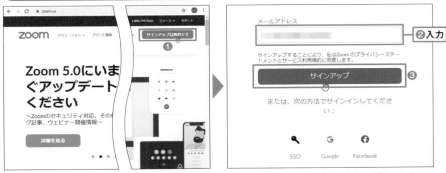

⬆**図2** Zoomウェブポータルにアクセスし、右上の「サインアップは無料です」をクリックする（❶）。生年月日や登録するメールアドレスを入力し（❷）、「サインアップ」をクリックする（❸）

アカウントをアクティベートする

⬆**図3** 届いたメールを開き、「アカウントをアクティベート」をクリックする（❶）。ブラウザーが表示されたら名前とパスワードを入力し（❷）、登録を続ける。すぐにミーティングを始めたいなら、アカウント作成の途中でメンバーを招待することも可能だ。登録が完了すると、Zoomウェブポータルの「プロフィール」画面が表示される

　Zoomの利用を開始するには、デスクトップアプリを起動し、登録したアカウントとパスワードを入力してサインインする（**図4**、**図5**）。

　会社などでシングルサインオン（SSO）が有効になっている場合、「SSO」のアイコンからサインインしよう。GoogleアカウントやFacebookアカウントはそれぞれ「Google」「Facebook」のアイコンから手続きできる。

　各種設定は主にZoomウェブポータルで行うことになるので、こちらのサインイン方法も一緒に覚えておこう。「サインイン」をクリックし、メールアドレスとパスワードを入力すればよい（**図6**）。

　もしZoomを日常的に利用するなら、インストールしたアプリをスタートメニューやデスクトップ画面にショートカットとして登録しておくと、すぐに起動できるので便利だ。

デスクトップアプリを起動し、サインインする

◆図4 Zoomのデスクトップアプリを起動し、「サインイン」をクリックする（**①**）。登録したメールアドレスとパスワードを入力し（**②**）、「サインイン」をクリックする（**③**）。「次でのサインインを維持」にチェックを入れておくと、サインイン情報が保持される。共用パソコンではチェックを入れないようにしよう

◆図5 デスクトップアプリが起動し、「ホーム」画面が表示される。この画面からミーティングの開始やスケジュールの設定などさまざまな操作を行う

Zoomウェブポータルにサインインする

◆図6 Zoomウェブポータルにアクセスし「サインイン」をクリック。メールアドレスとパスワードを入力してサインインしよう

Section 08 スマホアプリを インストールする

　Zoomのスマホアプリをインストールしておけば、たとえ出張先でも、場所に縛られることなくミーティングできる。ミーティングの招待や参加、チャットなど基本的な機能を利用できることはもちろん、インカメラ（前面カメラ）とアウトカメラ（背面カメラ）を切り替えることもできる。例えばショールームの説明など、移動しながら周囲を映す必要があるミーティングの場合は特に重宝するだろう。ただし、周囲には十分注意し、歩きながらの使用やパブリックスペースでの使用は控えよう。

　スマホアプリは、iOS/iPadOS/Androidのスマホおよびタブレットに対応している。それぞれのストアからZoomアプリを検索し（**図1**、**図2**）、スマホにインストールしよう（**図3**、**図4**）。ここではiPhoneを用いて解説するが、Androidでも操作はほぼ同様だ。

Zoomのスマホアプリをインストールする

図1 ストアアプリを開き、「Zoom」と検索する（❶）。検索結果一覧の「ZOOM Cloud Meetings」をタップする（❷）

図2 インストールするアプリに間違いがないことを確認し、「入手」をタップする

図3 「インストール」をタップして、インストールを行う

図4 インストールが完了すると、スマホのホーム画面にZoomアプリが追加される

　スマホアプリからでも、Zoomのアカウントを作成できる。流れとしてはパソコンの場合とほぼ変わらず、スマホアプリを起動して（**図5**）、生年月日とメールアドレス、名前を登録し（**図6**）、メールアドレス宛てにアクティベートメールを送信する。続いて、メールの「アカウントをアクティベート」をタップする（**図7**）。するとウェブブラウザーが起動するので、パスワードを入力してアカウントを登録しよう。登録が終わったら、スマホアプリのアカウント画面が表示され、アクティベートは完了する（**図8**）。

　スマホアプリでサインインする場合もデスクトップアプリと同様、アプリを起動して「サインイン」からメールアドレスとパスワードを入力すればよい。

スマホでZoomのアカウントを新規作成する

◐**図5** Zoomアプリを起動し、「サインアップ」をタップする

◐**図6** 生年月日やメールアドレス、名前を入力して（**①**）、「サインアップ」をタップするとメールが送られる（**②**）

◐**図7** 届いたメールにある「アカウントをアクティベート」をタップするとウェブブラウザーが起動するので、名前やパスワードを登録する。パソコンの場合と同様、アカウント作成中に新規ミーティングのメンバー招待が可能だ

◐**図8** アカウント登録が完了した。「マイアカウントへ」をタップするとスマホアプリに切り替わり、「アカウント」画面が表示される

Section 09 有料プランにアップグレードする

　プロプランやビジネスプランにアップグレードする場合は、Zoomウェブポータル（https://zoom.us/）から申し込む必要がある。Zoomウェブポータルにサインインし、「プランと価格」から必要なプランを申し込もう（**図1**）。なお、事前にアカウントを作成していない場合でも、申し込み作業の途中でアカウントを作ることが可能だ。

　支払いは各種クレジットカード、PayPalに対応している。年契約にすると17%割引になるので、年単位で利用するなら検討してもよいだろう。企業プランや教育機関向けプランについては、「営業部にお問い合わせください」からZoomの営業部門への問い合わせが必要になる。

プロプランにアップグレードする

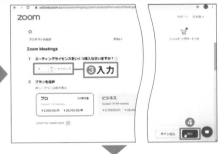

⬆➡図1 ブラウザーでZoomウェブポータルにサインインし、「プランと価格」のページを開く（❶）。今回はプロプランに申し込むため、「プロにアップグレード」をクリックする（❷）。続いて購入するライセンス数を入力し（❸）、月払い／年払いを選択。追加で購入するオプションがあればそれぞれ選択し、「続行」をクリックする（❹）。年払いは17％の割引になる。最後に支払者の名前や住所、支払い方法を入力し（❺）、申し込む

Section 10 状況によってさまざまな開催パターンがある

　Zoomミーティングは、さまざまな場所にいるメンバーとオンライン上の1つの部屋に集まって、互いの顔を見ながら会話する……とイメージしてもらえばよい。利用シーンで想像されがちなのは業務における打ち合わせだが、企業研修やセミナー、採用の面接、学校の授業など、さまざまな場面で活用できる。Zoomは距離や状況などあらゆるコミュニケーションの問題を解決するだけでなく、今後のコミュニケーションのあり方そのものを大きく変えるソリューションといえるだろう。

　ここでは、そんなZoomのさまざまな利用シチュエーションやそれに応じたセッティングのコツを解説していく。その中でも基本といえるのは、1人ひとりがそれぞれのデバイスから参加する、以下のようなパターンだ（**図1**）。1人がミーティングをセッティングし、メンバーを招待したら、メンバーはそれぞれの場所から好きなデバイスを使って参加する。Zoomはインターネット回線が遅い環境でも、ビデオの質を下げて音声を優先して送信するので、たとえアクセスする環境がバラバラでも、接続が途切れることなく安定して打ち合わせに集中できるだろう。

基本は個々のデバイスから参加

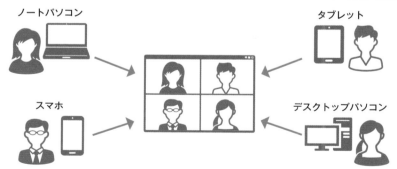

ノートパソコン　　　　　　　　　　　　　　タブレット

スマホ　　　　　　　　　　　　　　デスクトップパソコン

⚲図1 Zoomを利用することで、自宅やカフェ、社内など、さまざまな場所で働くメンバーが、オンライン上の1つの場所に集まることができる。各々好きなデバイスで参加可能だ

　例えば、同じ会社から複数人がミーティングに参加する場合は、それぞれ個別の
パソコンから参加するのではなく、会議室にパソコンを1台持ち込み、そこに全員が
集まって参加するという手もある（**図2**）。こうすることで、会社で管理するアカウントを
1つだけにできるほか、デバイスの台数を極力絞ることでハウリングを防いだり、通信
量を減らして遅延を防いだりする効果もある。また、音声をミュートにして、その場で
社内のメンバーと少し相談する……といったことも可能だ。

　複数人が1つのパソコンで参加する場合は、広い範囲を映せるウェブカメラや、外
付けのスピーカー、マイクがあると、全員がストレスなく会話に参加できる。さらに、大
きなモニターにZoomを表示することで、小さい画面をのぞき込む必要がなくなり、相
手の顔を確認しやすくなる（**図3**）。

オフィスの会議室から複数人で参加する

会議室から複数人が参加

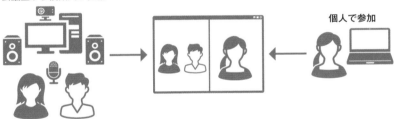

個人で参加

⊕**図2** 同じ社内にいるなら、会議室に集まって1台のパソコンから参加してもよい

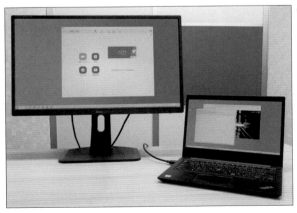

⊖**図3** ノートパソコンを大きなモニ
ターに接続する場合、表示はマル
チディスプレイにしておくことで、
ノートパソコンの画面ではメモを取
りつつ、Zoomを大きなモニターに
表示できる。Windowsでは、
「Windows」キーを押しながら「P」
キーを押し、表示されるメニューで
「拡張」を選べばよい。これで、メモ
を見られることなくミーティングがで
きる

　数人だけの簡単な研修や授業、セミナーを行うなら、通常の「ミーティング」機能で何ら問題はない。セミナーとしてのクオリティーをさらに一段階上げるなら、画面の映りや音質にこだわるのもよいだろう。例えば一眼カメラを使って思い通りの映り方に調整したり、メインカメラのほかに手元を映す第2カメラを用意して、画面を切り替えながら参加者を飽きさせない構成にしたりするのも有効だ（**図4**）。

　研修や授業などで、参加者同士の話し合いの場を設けたいなら、「ブレイクアウトルーム」（107ページ参照）を活用しよう（**図5**）。

小規模のセミナーを開催する

🔼**図4** 個人レクチャーや少人数が参加する簡単な研修なら、ミーティング機能でも十分対応できる。講師側は参加者が離脱しないよう、見やすく聞きやすい環境で配信しよう

🔽**図5**「ブレイクアウトルーム」機能を使うことで、参加者同士で小集団を作り、話し合いができる。教育や研修の場で特に好まれる機能だ

プロおよびビジネスプランの契約者がオプションで購入できる「ウェビナー」（企業プランには付属）で、本格的なセミナーにも対応できる。ウェビナーは基本的に外部からの申し込みを受け付けて開催する形を前提としているが、参加者へのリマインダー機能や参加者の一括管理機能など、社内研修にも大いに役立つ機能が充実している。

　ウェビナーは、司会者の役割を果たす「ホスト」、登壇する「パネリスト」、そして「参加者」と役割がはっきり分かれている（**図6**）。参加者は基本的にビデオや音声の配信はできず、テレビのように配信内容を受け取る形になるが、質疑応答や投票などで参加できる（**図7**）。ウェビナーの詳しい機能や使い方は、第5章で解説する。

研修やセミナーに特化した「ウェビナー」

パネリスト1　　　　　　パネリスト2

ホスト

参加者は視聴のみ

↑図6 パネリストが複数人かつ別々の場所にいる場合は、ホストが「スポットライト」機能を使ってパネリストの画面を切り替えながらセミナーを進める（145ページ参照）

↻図7 参加者は一切発言できないわけではなく、質疑応答機能やチャット機能などで意思表示できる。ホストが許可すれば音声配信も可能だ

第2章

▼

事前準備

▲

Zoomのアプリも無事インストールできたところで、
さっそくビデオミーティングを……。
とその前に、設定しておきたいことがいくつかある。
いざミーティングを始めてから慌てないように、
プロフィールや背景の設定、
カメラやマイクのテストなど、
事前準備をしっかり行おう。

Zoom

Section 01 デスクトップアプリの 画面構成を理解する

　実際にZoomを使い始める前に、まずは主要な画面とその構成要素について確認しておこう。各画面に表示されるボタンやメニューなどの名称や役割を知っておけば、本書で以降解説する機能やテクニックについて理解しやすくなるはずだ。

　ここではまず、デスクトップアプリにおいて全ての操作や機能の基点となる「ホーム」画面の構成要素を確認しよう（**図1**）。

操作の基点となる「ホーム」画面

◐◑図1 Zoomの機能やサービスが1つの画面に集約された「ホーム」画面。上部にある「チャット」「ミーティング」「連絡先」などをクリックして、それぞれの画面に切り替えられる

番号	要素名	解説
❶	アカウント	サインインしているアカウントの情報を表示する
❷	チャット	テキストメッセージをやり取りする「チャット」画面を表示する
❸	ミーティング	ミーティング予定を一覧表示したり、スケジュールを予約したりする「ミーティング」画面を表示する
❹	連絡先	登録済みの連絡先やチャンネルを一覧表示する「連絡先」画面を表示する
❺	新規ミーティング	自分がホストになり、新規ミーティングを開始する。右下の「∨」からメニューを開き、ビデオの有無を選択できる
❻	参加	ほかのユーザーから招待されたミーティングに参加する
❼	スケジュール	ミーティングのスケジュールを作成する
❽	画面の共有	現在作業中のデスクトップ画面の状態を、映像として参加者と共有する
❾	設定	「設定」画面を表示する

Zoomのデスクトップアプリのメイン画面ともいえるのが「ミーティング」画面だ（**図2**）。ここには、ミーティングの映像や音声をコントロールしたり、チャットなどの機能を呼び出したりするための構成要素がまとめられている。ミーティング画面は最小化でき、ほかのアプリを操作しながらミーティングを続けることも可能だ。

シンプルな操作性が魅力の「ミーティング」画面

◐◑図2 自分も含めたミーティング参加者の映像を見ながら、一緒の空間にいるかのように自然に会話できる「ミーティング」画面。画面下のミーティングコントロールに、各種機能を呼び出すためのボタンがまとめられている

ミーティングコントロール

番号	要素名	解説
❶	ミュート／ミュート解除	自分の音声のオン／オフを切り替える
❷	ビデオの停止／ビデオの開始	自分の映像のオン／オフを切り替える
❸	セキュリティ	ミーティングのセキュリティに関する設定をする
❹	参加者	参加者パネルの表示／非表示を切り替える。ほかの参加者を招待することも可能
❺	チャット	チャットパネルの表示／非表示を切り替える
❻	画面の共有	ほかの参加者と画面を共有する機能を呼び出す
❼	レコーディング	ミーティングの模様を録画する。ホスト以外が録画する場合は、ホストから許可を得る必要がある
❽	ブレイクアウトルーム	参加者を小グループに分けてディスカッションを行う
❾	リアクション	さまざまな絵文字を送信してリアクションする
❿	アプリ	アプリパネルの表示／非表示を切り替える
⑪	終了	ミーティングを終了する、あるいはミーティングから退出するためのメニューが表示される。ミーティングを終了できるのは、ホストのみとなる

　Zoomは、ウェブブラウザー上でもビデオミーティングが可能だ（**図3**）。何らかの理由でデスクトップアプリをインストールしていないデバイスしか手元にないという場合でも、インターネットに接続できさえすれば、ミーティングに参加できる。また、ブラウザーでZoomウェブポータル（https://zoom.us/）にサインインすることで、アプリではできないサービス関連の設定が可能だ（**図4**）。

　スマホアプリの画面もデスクトップアプリとあまり変わらないので、操作に迷うことはないだろう（**図5**）。ミーティングの開催や参加なども、デスクトップアプリと同様に可能だ（**図6**）。ただし、1画面には最大4人までしか表示できない。

ウェブブラウザー版Zoomの画面

⊕**図3** ウェブブラウザー版Zoomでももちろん、映像と音声によるミーティングが可能。基本的な機能はデスクトップアプリとほぼ同じで、各機能も画面下のミーティングコントロールから呼び出すことができる

⊕**図4** Zoomウェブポータルにサインインすると、画面左端のサービスメニューから、ミーティングのスケジュールを作成したり、サービス関連の設定を変更したりできる

スマホアプリ版Zoomの画面

⊕**図5** スマホアプリ版Zoomの「ホーム」画面。画面上部に並ぶボタンの機能は、デスクトップアプリの「ホーム」画面と同じ。画面下の「ミーティング」から、ミーティングを開始できる

⊕**図6** スマホアプリ版でも、ミーティング中は相手の映像とともに自分の映像が表示される。音声のミュートや映像の表示／非表示の切り替えなど、各種機能もデスクトップアプリとほぼ同じだ。なお本体を横向きにすることで、画面も横長の表示（ランドスケープモード）になる

Section 02 自分のプロフィールを整えておく

Zoomでは「プロフィール」画面で自分の名前はもちろん、所属する組織名や部署、業務の内容に至るまで、詳細なプロフィールを設定できる（**図1**）。これらの情報が全てほかのユーザーから見られるわけではないが、「表示名」についてはミーティングへの参加時やミーティング中の自分の映像の左下に表示されるので、事前に設定しておくことをお勧めする。

初期設定では、Zoomのアカウント作成時に設定した姓名が「名」「姓」の順に入れ替わった表示名になっているので、必要に応じてこれを入れ替えたり、ハンドルネームを入力したりするなど、適切な表示名に変更するとよいだろう（**図2**）。

名前や会社名をあらかじめ整えておく

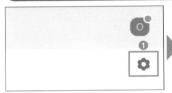

◆●図1 デスクトップアプリの「ホーム」画面で、「設定」をクリックする（**①**）。「設定」画面左のメニューから「プロフィール」を選ぶと（**②**）、画面右にサインイン中のアカウントが表示されるので、「マイプロフィールを編集」をクリックする（**③**）

◆図2 ウェブブラウザーが起動して、Zoomウェブポータルの「プロフィール」画面が表示されたら、名前の右側にある「編集」をクリックし、変更する。「表示名」はミーティング中に表示される名前だ。なおスマホアプリの場合は、画面下の「設定」をタップし、自分の名前をタップすることで修正できる

Section 03 識別しやすいように プロフィール画像を設定する

　Zoomウェブポータルの「プロフィール」画面では、自分のプロフィール画像を変更できる。設定したプロフィール画像は、ミーティングへの参加時に自分の表示名とともに表示されるほか、「ミーティング」画面の参加者パネルやチャットパネルにも表示されるようになるので、ミーティング参加者がひと目で自分を識別できるような画像を設定しておくとよい。

　プロフィール画像を設定、変更するには、Zoomウェブポータルの「プロフィール」画面で、人物のアイコンをクリックする（**図1、図2**）。スマホアプリの場合は、「設定」から自分の名前をタップして変更できる。

　なお、「ミーティング」画面の「セキュリティ」からこの画像を非表示にできる（**図3**）。

ミーティング参加時に表示される画像を設定する

⬆**図1** Zoomウェブポータルの「プロフィール」画面で、人物のアイコンをクリックする

⬆**図2** この画面内に画像ファイルをドラッグ&ドロップするか、「ファイルを選択」から目的の画像ファイルを選択して設定する。ファイルサイズは2MB未満、ファイル形式はJPEG、GIF、PNGのいずれかに制限されている点に注意しよう

⬅**図3** 「ミーティング」画面で、「セキュリティ」をクリックし（❶）、表示されるメニューから「プロフィール画像を非表示にします」を選択すると（❷）、プロフィール画像を非表示にできる

Section 04 カメラやマイクなどに問題がないかテスト する

ビデオミーティングは、事前準備が何より大切だ。ミーティングを開催する、あるいは参加する前に、自分の映像や音声が相手から正常に見聞きできるかチェックしておこう。「テストミーティング」は、インターネット回線の品質が適切かどうかチェックするための機能で、同時にカメラ、マイク、スピーカーの簡易的な性能テストも行える。

テストミーティングを始めるには、ウェブブラウザーのアドレスバーに「https://zoom.us/test/」と入力する。デスクトップアプリの起動を求められるので、画面の指示に従ってミーティングを開始しよう（**図1**）。テストミーティングといっても参加者は自分だけであり、自分の映像が第三者に見られることはないので安心してほしい。

デスクトップアプリが起動したら、画面の指示に従ってカメラやスピーカー、マイクが問題ないかをチェックしよう（**図2**）。機器が正しく接続されているにもかかわらず自分の映像や音声が途切れたり、コマ送りのようになったりしている場合は、速度の安定しているインターネット回線に切り替えると改善する可能性がある。

テストミーティングを行う

ミーティングテストに参加

テストミーティングに参加してインターネット接続をテストします。

参加

ミーティングに参加できない場合、Zoomサポートセンターで有用な情報をご覧

●**図1** ウェブブラウザーのアドレスバーに「https://zoom.us/test/」と入力して左のページを開き、「参加」をクリックしてデスクトップアプリを起動する。なおウェブブラウザー上でもテストできるが、その場合カメラやマイクなどの簡易テストは実施されない

●**図2** 自分の映像が表示されるので、品質をチェックする（❶）。同時に、別ウィンドウでカメラ、スピーカー、マイクの簡易テストが行われるので、表示される質問に回答しながらチェックしよう（❷）

　デスクトップアプリの「ミーティング」画面でも同様にテストが可能だ。ミーティングコントロールの「ミュート」の右にある「∧」をクリックし、「スピーカー＆マイクをテストする」を選択するとテストが開始される（**図3**）。着信音がスピーカーから問題なく聞こえるか、自分の音声がマイクを通して正常に聞こえるかをチェックしよう（**図4**）。音が小さすぎたり、逆に大きすぎて音が割れて聞こえたりする場合は、デスクトップアプリの「設定」画面で調整しよう。

　「設定」画面では、スピーカーとマイクの簡易テストが行えるほか、音声の再生状況に応じて、スピーカーの音量とマイクの入力レベル（音量）も個別に調整できる（**図5、図6**）。ミーティング参加者の環境によって異なる音量を自動調整して聞きやすくする「自動で音量を調整」も用意されているので、必要に応じてこの機能をオンにするとよいだろう。

　ここで解説した「ミーティング」画面や「設定」画面での調整は、デスクトップアプリでのみ可能だ。スマホやタブレットの場合は、ウェブブラウザーで「https://zoom.us/test/」にアクセスし、テストミーティングを実施しよう（**図7**）。

「ミーティング」画面から簡易テストを行う

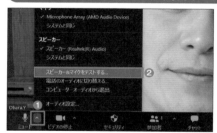

◔**図3**「ミーティング」画面で「ミュート」の右にある「∧」をクリックし（❶）、表示されるメニューから「スピーカー＆マイクをテストする」を選択する（❷）

◔**図4** まずはスピーカーテストが開始される。スピーカーを選択して（❶）、問題なければ「はい」をクリックする（❷）。続けてマイクのテストが開始される。使用するマイクを選択して（❸）、マイクに向かって発声し、自分の声が正しく聞こえることを確認したら、「はい」をクリックする（❹）

「設定」画面でスピーカーやマイクを調整する

↑図5 デスクトップアプリの「設定」画面を表示して、「オーディオ」を選択し（①）、「スピーカーのテスト」をクリックするとテストを実施できる（②）。テストが終わったら「停止」をクリックして終了する（③）。なお音量調整や使用するスピーカーの変更も可能だ（変更の方法は次ページで解説）

→図6 同じ画面の「マイクのテスト」をクリックすると、マイクのテストを実施できる。テストが終わったら「停止」をクリックして終了しよう。スピーカー同様、使用するマイクの変更、音量調整も可能

スマホでテストミーティングを行う

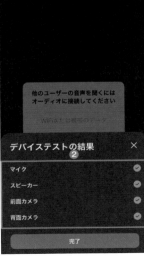

←図7 スマホのウェブブラウザーで「https://zoom.us/test/」にアクセスする。「参加」が表示されるので、これをタップする（①）。するとZoomのスマホアプリが起動して、テストミーティングが開始される。デバイステストが自動で行われ、結果が表示される（②）

Section 05 ミーティングで使うカメラ、スピーカー、マイクを変更する

18ページでも解説した通り、現在販売されているほとんどのパソコンには、Zoomなどのビデオミーティングツールで利用できるカメラ、スピーカー、マイクが内蔵されている。しかし、テレワークが普及し始めた当初に外付けのウェブカメラやスピーカー、ビデオミーティングに対応するデジタルカメラなどが店頭で品薄になったことからもわかるように、より高画質のカメラ、より高音質のスピーカーやマイクなどを使って、快適にミーティングがしたいというユーザーは多い。

外付けのカメラ、スピーカー、マイクといったデバイスを購入したら、事前にパソコンで利用可能な状態にしておくことで、デスクトップアプリの「設定」画面から選択して切り替えられるようになる（図1）。ミーティング中に「ミュート」や「ビデオの停止」の右にある「∧」をクリックしても、表示されるメニューで切り替えることが可能だ（図2）。

使用するデバイスを切り替える

⬆図1 デスクトップアプリの「設定」画面で「ビデオ」を選択し（❶）、表示される画面で「カメラ」のドロップダウンリストを開くと（❷）、ミーティングで使用するカメラを切り替えられる。さらに「オーディオ」をクリックすると（❸）、スピーカーとマイクも切り替え可能だ（❹）

➡図2 「ミーティング」画面で「ビデオの停止」の右にある「∧」をクリックすると、表示されるメニューでカメラを切り替えられる。同様に「ミュート」のメニューでマイクとスピーカーを切り替えられる

Section 06 バーチャル背景を設定して プライバシーを守る

自宅などのプライベート空間からビデオミーティングを開催、参加する際に、誰しも気になるのが自分の映像の背景に映り込む自宅の様子だろう。ビデオミーティングの機会が増えたことから、映っても恥ずかしくないように部屋を片付けたり、模様替えをしたりした人も多いのではないだろうか。

Zoomが人気を博したのは、こうした懸念に配慮した「バーチャル背景」機能を初めから搭載していたことも大きい。バーチャル背景は、あらかじめ用意されているさまざまな画像を、映像の背景にできる機能だ。これにより、ほかのミーティング参加者に自宅の様子を見られずに済む。この機能は高度な画像合成技術によって実現しており、自分が多少動いても、実際の背景が見えてしまうことはほとんどないので安心だ。デスクトップアプリでは「ミーティング」画面の「バーチャル背景を選択」から設定できる（**図1**、**図2**）。設定した背景は、以降のミーティング時も自動で適用される。

自分の姿が自動で切り抜かれ背景だけが変わる

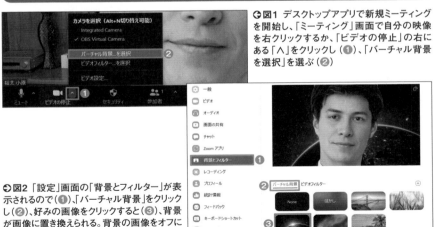

●**図1** デスクトップアプリで新規ミーティングを開始し、「ミーティング」画面で自分の映像を右クリックするか、「ビデオの停止」の右にある「へ」をクリックし（**1**）、「バーチャル背景を選択」を選ぶ（**2**）

●**図2** 「設定」画面の「背景とフィルター」が表示されるので（**1**）、「バーチャル背景」をクリックし（**2**）、好みの画像をクリックすると（**3**）、背景が画像に置き換えられる。背景の画像をオフにするには、この画面で「None」をクリックする

　スマホアプリでは、「ミーティング」画面の「詳細」から同様にバーチャル背景を設定できる（**図3**）。バーチャル背景はパソコンやスマホに保存されている手持ちの画像も設定可能だ。設定画面で「画像を追加」から設定しよう（**図4**）。画像サイズに制限はないが、ファイル形式はJPEG、PNG、BMPのみとなる。一度オリジナルの画像を追加すると、以降は「設定」画面の「背景とフィルター」画面に登録されるので、後から再設定するのも簡単だ。なお、MPEG-4あるいはMOV形式の動画を設定することもできる。

　ミーティング中の自分の映像を飾る機能としては、ビデオフィルターやスタジオエフェクトも用意されている。ビデオフィルターは映像の色合いなどを大きく変化させたり、イラストやフレーム（額縁）を合成したりする特殊効果。スタジオエフェクトは自分の姿にまゆ毛やひげなどを合成するユニークな効果だ。いずれも「背景とフィルター」の画面で設定できる。

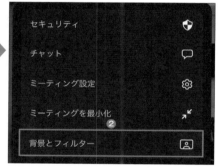

⤴⤵**図3** スマホアプリでは「新規ミーティング」をタップし（❶）、「ミーティング」画面を開いて「…」（詳細）をタップする。iPhone/iPadは「背景とフィルター」（❷）、Androidは「バーチャル背景」をタップして背景の画像を選ぶ

オリジナル画像を背景に使う

⤴**図4**「背景とフィルター」画面で「＋」をクリックして（❶❷）、「画像を追加」をクリックする（❸）。パソコン内の画像を選択すると、背景に設定される（❹）

Section 07 ショートカットキーで ミーティング中の操作をスムーズに

多くのビジネスアプリと同様、Zoom のデスクトップアプリにも多彩な「ショートカットキー」が用意されている。いちいちマウスやトラックパッドに手を伸ばすことなく、素早くその機能を実行できることに加え、ほかのミーティング参加者の目にも、自分の立ち振る舞いがスマートに映るはずだ。下記の表では、「ミーティング」画面で使える主要なショートカットキーを紹介している。

なお、主要なショートカットキーは、デスクトップアプリの「設定」画面で「キーボードショートカット」をクリックすると表示される画面で確認できる。ここでキーの組み合わせを変更することもできるので、使いやすいようにカスタマイズするのもよいだろう。

よく使うショートカットキー

操作・機能	Windows	Mac
ミーティングコントロールの常時表示のオン／オフを切り替える	Alt	control + \
スピーカービューに切り替える	Alt + F1	command + shift + W
ギャラリービューに切り替える	Alt + F2	command + shift + W
ビデオの開始／停止	Alt + V	command + shift + V
ミュート／ミュート解除	Alt + A	command + shift + A
ミュート中に一時的にミュート解除	スペース（押している間）	スペース（押している間）
参加者全員をミュート／ミュート解除（ホスト除く）	Alt + M	command + control + M
画面共有の開始／終了	Alt + S	command + shift + S
画面共有の一時停止／再開	Alt + T	command + shift + T
ローカルの録画を開始	Alt + R	command + shift + R
クラウドの録画を開始	Alt + C	command + shift + C
録画の一時停止／再開	Alt + P	command + shift + P
カメラの切り替え	Alt + N	command + shift + N
全画面表示のオン／オフ	Alt + F	command + shift + F
チャットパネルの表示／非表示	Alt + H	command + shift + H
ミーティングの終了／退室	Alt + Q	command + Q
手を挙げる／下ろす	Alt + Y	option + Y

基本のビデオ会議

ビデオミーティングを成功させるためには、
主催者、参加者双方の協力が不可欠だ。
ミーティングを開始する方法や招待する方法、
ミーティングに参加する方法から、
音声や映像の管理、画面共有、録画・録音、
さらには共同ホストの設置に至るまで、
自分の役割を把握しつつ、互いに協力して
円滑にミーティングを進めるための
テクニックを解説する。

Zoom

Section 01 ホストと参加者の違いは？ ミーティングの基本を理解する

　ビデオミーティングを行うには、ミーティングに参加する誰かが主催者である「ホスト」になる必要がある。ここでは、ミーティングにおけるホストとほかの「参加者」の違いや、ミーティングの基本的な流れを確認しよう（**図1**）。

　Zoomのプランにかかわらず、アカウント登録済みのユーザーであれば誰でもミーティングのホストになることができる。ホストはまず、新規ミーティングを開始、あるいはミーティングの予約（スケジューリング）をしておき、そのミーティングにほかの参加者を招待する。招待はメールやスマホのメッセージなどで各参加者に送られ、参加者はその中に記載された招待のリンクをクリックしたり、IDとパスコードを入力したりすることで、ミーティングに参加できる。

ミーティングの主催と参加の流れ

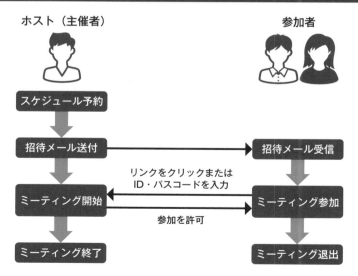

●**図1** ミーティングの開催から終了までのフロー。ホストはミーティングの開始／終了を含む管理を担い、参加者は招待を受けて参加する。「待機室」が設定されている場合は、ホストからの許可を得ることで参加できる

Section 02 ミーティングに参加する手順は2通りある

Zoomのミーティングに「参加者」として参加する方法は2通りある。1つめはホストから送られてきたメールやメッセージの招待リンクをクリックする方法、2つめはミーティングIDとミーティングパスコードを入力する方法だ。

招待リンクから参加するには、まず届いた招待メールにある招待リンクをクリックしよう。するとウェブブラウザーが起動して、Zoomのデスクトップアプリを起動することを確認するメッセージが表示される（**図1**）。ここで「開く」をクリックするとアプリが起動し、ミーティングに参加できる（**図2**）。この方法の一番の利点は、後述するミーティングIDやパスコードの入力が必要なく、すぐにミーティングに参加できることだ。

3章 基本のビデオ会議

招待リンクをクリックして参加する

○●図1 ミーティングへの招待メールを受信したら、「Zoomミーティングに参加する」の下にあるリンクをクリックする（**①**）。ウェブブラウザーが起動し、「… Zoom Meetingsを開こうとしています。」というメッセージが表示されるので、「開く」をクリックする（**②**）。なお、使用するウェブブラウザーによっては表示が異なる場合がある

●図2 Zoomのデスクトップアプリが起動し、ミーティングへの参加が開始されるので、ビデオとマイクの使用有無を選択しよう。待機室が設定されている場合は、ミーティングのホストからの参加許可を待とう

　ミーティングIDとミーティングパスコードを入力して参加するには、デスクトップアプリで「ホーム」画面の「参加」をクリックし（**図3**）、ホストから知らされたミーティングIDとミーティングパスコードを入力すればよい（**図4**）。

　パソコンの場合、ウェブブラウザーからも参加できる。ミーティングIDとミーティングパスコードで参加するなら、まずZoomウェブポータルの「ミーティングに参加する」をクリックする。デスクトップアプリの起動を促すメッセージが表示されたらキャンセルして、「Join from Your Browser」からウェブブラウザー版のZoomを起動しよう（**図5〜図7**）。招待リンクから参加する場合も同様に、ウェブブラウザーに表示される「Join from Your Browser」からウェブブラウザー版を起動できる。ただし、ウェブブラウザーでの参加はホストが設定で許可しない限り利用できないので注意しよう。

　スマホの場合は、スマホアプリからしか参加できない。デスクトップアプリ同様、招待リンクをタップしてアプリを起動するか、ミーティングIDとミーティングパスコードを入力して参加しよう（**図8**）。

ミーティングIDとミーティングパスコードを入力して参加する

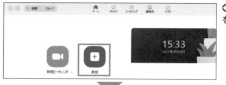

⊖**図3** デスクトップアプリの「ホーム」画面で「参加」をクリックする

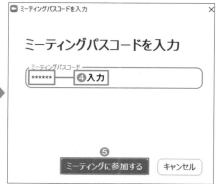

⊕**図4** ホストから教えてもらった「ミーティングID」を入力し（**❶**）、表示する名前を入力して（**❷**）、「参加」をクリックする（**❸**）。続けて「ミーティングパスコード」を入力して（**❹**）、「ミーティングに参加する」をクリックすると（**❺**）、ミーティングに参加できる

ウェブブラウザーやスマホから参加する

⬆️➡️**図5** Zoomウェブポータルにサインインし、画面右上の「ミーティングに参加する」をクリック(**❶**)。ミーティングIDを入力し(**❷**)、「参加」をクリックする(**❸**)

➡️**図6** 上部のメッセージは「キャンセル」をクリックして(**❶**)、画面下の「Join from Your Browser」のリンクをクリックする(**❷**)。なお、招待リンクから参加する場合も同様の方法でウェブブラウザー版を起動できる

⬆️**図8** スマホから参加する場合もデスクトップアプリと同様、招待リンクをタップしてアプリを起動するか(**❶**)、「ホーム」画面の「参加」からミーティングIDとミーティングパスコードを入力して参加する。参加時は、ビデオの使用有無を選択する必要がある(**❷**)

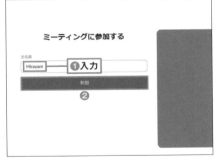

⬆️**図7** 参加者名を入力して(**❶**)、「参加」をクリックする(**❷**)。続けて表示される画面でミーティングパスコードを入力すると、ミーティングに参加できる

Section 03　今すぐにミーティングを開始する方法

自らがホストとなってミーティングを開始する方法には大きく2種類ある。1つはスケジュールを予約して開始する方法、もう1つは今すぐに開始する方法だ。すぐに始めるミーティングは、「インスタントミーティング」という。

インスタントミーティングを開始するには、デスクトップアプリの場合「新規ミーティング」をクリックする（**図1**）。ミーティングが開始されると、「ミーティング」画面に自分の映像のみが表示される（**図2**）。

続けて、ほかの参加者を招待しよう。「ミーティング」画面の下端にあるミーティングコントロールで、「参加者」の右にある「∧」をクリックすると表示されるメニューから、「招待」をクリックし、メールサービスを選択する（**図3**）。あとは相手のアドレスを入力して、招待メールを送付しよう（**図4**）。招待メール、あるいはメッセージを受け取った相手は、47ページの通りに操作して、ミーティングに参加できる。

「新規ミーティング」からインスタントミーティングを開始する

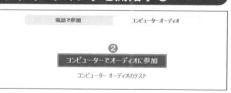

図1 デスクトップアプリの「ホーム」画面で「新規ミーティング」をクリックする（❶）。「コンピューターでオーディオに参加」をクリックすると（❷）、内蔵あるいは外付けのマイクを使ってミーティングに参加できる

図2 「ミーティング」画面には、最初の参加者である自分自身の映像が表示される

スマホアプリでインスタントミーティングを始める際も同様に、スマホアプリの「ホーム」画面で「新規ミーティング」をタップする（図5、図6）。「参加者」→「招待」から、メールやメッセージを送付して招待できる。

ほかの参加者を招待する

↑→図3「ミーティング」画面で「参加者」の右にある「∧」をクリックし（❶）、「招待」をクリックする（❷）。次の画面で「メール」タブを選び（❸）、招待メールを送信する方法を選択する。ここでは、「デフォルトメール」をクリックする（❹）

←図4 既定のメールアプリが起動して、新規メールの本文にミーティングの招待リンクや招待の文章などが自動入力される。タイトルや相手のメールアドレスなどを入力して送信しよう

スマホでインスタントミーティングを開始する

←図5 スマホアプリの「ホーム」画面で「新規ミーティング」をタップする（❶）。「ビデオオン」のスイッチがオンになっていることを確認して（❷）、「ミーティングの開始」をタップする（❸）

←図6「ミーティング」画面が表示されるので、「Wi-Fiまたは携帯のデータ」をタップして開始しよう。ほかの参加者の招待方法は、デスクトップアプリと同様だ

Section 04 単発のミーティングをスケジュール予約する

　Zoomにはインスタントミーティングのほか、予約して行うミーティングがある。ミーティングの開催が決まったら早めに予約し、招待リンクを参加者に送っておこう。

　ミーティングの予約は、デスクトップアプリ、スマホアプリ、Zoomウェブポータルのいずれからでも行える。デスクトップアプリの場合は、「ホーム」画面で「スケジュール」をクリックする（図1）。あとはミーティング名や開始日時などを入力し、「保存」をクリックすればよい（図2）。保存したミーティングは、デスクトップアプリの「ミーティング」をクリックした画面に一覧表示される（図3）。

デスクトップアプリから予約する

⬆図1　デスクトップアプリの「ホーム」画面で「スケジュール」をクリックする

⬆図3　デスクトップアプリの「ミーティング」（❶）→「次回」タブ（❷）をクリックすると、登録したスケジュールを確認できる。「開始」をクリックすると（❸）、開始できる

⬆図2　ミーティングのタイトル、開始日時のほか、使用するミーティングIDの種類（54ページ参照）、任意のパスコード、待機室の有無、ミーティング開始時のビデオと音声のオン／オフ、同期するカレンダー（55ページ参照）などを設定して、「保存」をクリックしよう

Zoomウェブポータルの場合は、左のメニューにある「ミーティング」を選択し、「ミーティングをスケジューリング」をクリックすれば予約可能だ（**図4、図5**）。

スマホアプリの場合は、「ホーム」画面で「スケジュール」をタップすると、同様にスケジュール設定ができる（**図6～図8**）。

予約が終了したら、参加者を招待しよう（58ページ参照）。

Zoomウェブポータルから予約する

◯**図4** Zoomウェブポータルにサインインし、左のメニューの「ミーティング」をクリック（❶）。「今後のミーティング」タブで「ミーティングをスケジューリング」をクリックする（❷）

◯**図5** デスクトップアプリと同様、ミーティング名や説明文、開催日時などを入力する。設定が終わったら「保存」をクリックして保存する

スマホアプリから予約する

◯**図6** スマホアプリの「ホーム」画面で「スケジュール」をタップする

◯**図7** ミーティングのタイトルや開始日時などを設定したら、「保存」をタップする

◯**図8** 招待メールのプレビューが表示される。「宛先」に参加者のメールアドレスを指定して送信すると、同時にアプリにスケジュールが登録される

　ここで、ミーティング設定時の項目にあるミーティングIDについて確認しておこう。ミーティングIDは、Zoomで開催される全てのミーティングに対して割り振られる10桁ないし11桁の数字の組み合わせだ。ミーティングを開催するたびに自動生成されるIDと個人ミーティングIDがあり、スケジュール予約時にどちらを使うか選択できる（**図9**）。

　「自動的に生成」を選択するとその都度新たな数字が割り当てられ、終了時に自動的に破棄される（予約したミーティングの場合は、予約作成時から最大30日間保持される）。一方、個人ミーティングID（PMI）はアカウント作成時に自動的に付与されるIDで、永続的なものだ。これを頻繁にミーティングする相手と共有しておき、個人ミーティングIDを使ってミーティングを開始することで、毎回招待リンクを発行し、相手を招待するという手間を省くことができる（**図10**）。ただし第三者に知られてしまうと、PMIを使ったミーティング開催中に乱入される恐れがあるため、本当に親しい間柄、信頼できる間柄の参加者にだけ知らせるようにしよう。

　開催中のミーティングIDは、「ミーティング情報」アイコンから確認できる（**図11**）。

ミーティングIDには2種類ある

⊙**図9** 図2でミーティングIDを「自動的に生成」にするとその都度新たな数字が割り振られ、「個人ミーティングID」にすると個人ミーティングIDが設定される。インスタントミーティングを開始した場合は、自動生成されたIDが設定される

⊙**図10** 個人ミーティングID（PMI）は、デスクトップアプリで「ミーティング」をクリックして確認できる（スマホアプリも同様）。「マイ個人ミーティングID」をクリックし、「開始」をクリックすると、個人ミーティングIDを使ったインスタントミーティングを開始できる

⊙**図11** 開催中のミーティングに割り当てられたミーティングIDは、「ミーティング」画面で左上の「ミーティング情報」アイコンをクリックすると確認できる

プロプラン以上の有料アカウントであれば、個人ミーティングIDを変更することが可能だ（**図12、図13**）。万が一、第三者に知られたり、誤って広く公開してしまったりした場合は、リスクを回避するために変更するとよいだろう。ただし、すでにほかのユーザーに使われている数字は利用できない。

　そのほかの設定事項に、「カレンダー」がある。これは予約を忘れないように普段利用しているカレンダーアプリ（サービス）に登録しておくというもので、Outlook（アプリまたはウェブ版）、Googleカレンダーのほか、ICSファイルの読み込みが可能な各種カレンダーにも対応する（**図14、図15**）。

個人ミーティングIDを変更する

◇図12 Zoomウェブポータルの「プロフィール」画面を表示し、画面を下にスクロールして、「パーソナルミーティングID」の「編集」をクリックする

◇図13 任意の10桁の数字に変更して（❶）、「保存」をクリックする（❷）

スケジュールを他のカレンダーに登録する

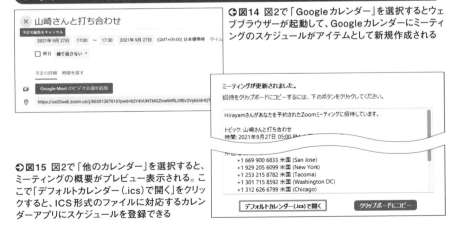

◇図14 図2で「Googleカレンダー」を選択するとウェブブラウザーが起動して、Googleカレンダーにミーティングのスケジュールがアイテムとして新規作成される

◇図15 図2で「他のカレンダー」を選択すると、ミーティングの概要がプレビュー表示される。ここで「デフォルトカレンダー（.ics）で開く」をクリックすると、ICS形式のファイルに対応するカレンダーアプリにスケジュールを登録できる

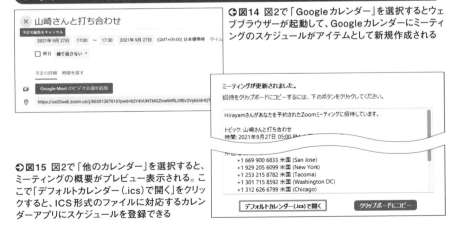

Section 05　毎週行うミーティングは「定期ミーティング」に

　週に1回プロジェクトの進捗状況を報告し合う、毎月末に企画についての打ち合わせをするといったように、定期的に開催するミーティングがあるなら「定期ミーティング」として予約するのがお勧めだ。これにより1つのミーティングID・パスコードおよび招待リンクを使い回せるので、開催するたびに予約する手間が省ける。

　デスクトップアプリでは一応「定期的なミーティング」として予約することはできるが、具体的な繰り返しの日程は設定できない。そのためOutlook（アプリ／ウェブ版）やGoogleカレンダーなどのアイテムを作成しておき、カレンダー側から定期的に通知させる必要がある（**図1〜図3**）。ミーティングの日時が迫ったらカレンダーアプリから通知が届き、Zoomを起動してミーティングを開催するという流れだ（**図4**）。

　一方、Zoomウェブポータルでは、開催の間隔や終了日などの詳細を設定できる（**図5**）。スマホアプリでは終了日などの細かい設定はできないが、繰り返しの間隔を設定することは可能だ（**図6**）。

デスクトップアプリから定期ミーティングを予約する

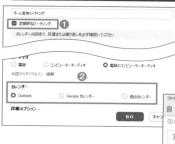

◆図1 ミーティング予約時、「定期的なミーティング」にチェックを入れ（**1**）、登録するカレンダーを選択する（**2**）。なお下部の「詳細オプション」で「任意の時刻に参加することを参加者に許可します」にチェックを入れておくと、参加者はホストがいなくてもミーティングルームに入室できるようになる

◆図2 図1**2**で選択したカレンダーが起動するので、定期的な予定として登録する。「Outlook」を選択した場合、Outlookの編集画面が表示される。初回の開始日時を指定して（**1**）、「定期的な予定にする」をクリックする（**2**）

○○図3 開く画面で開催周期や間隔、曜日、終了日などを指定して、「OK」をクリックする（❶）。元の画面の「パターン」に繰り返しの日程が設定されるので確認し（❷）、アイテムを保存して閉じよう。以降は、Outlookからミーティングの開始日時が迫っていることが通知されるようになる

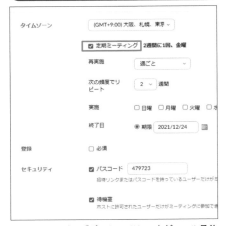

○図4 デスクトップアプリで「ミーティング」をクリックすると（❶）、日程なしの定期的なミーティングが追加されていることが確認できる（❷）。始める際はここの「開始」からスタートしよう（❸）

3章
基本のビデオ会議

ウェブブラウザーで予約する

↑図5 Zoomウェブポータルでは、スケジュール予約時に「定例ミーティング」にチェックを入れる。実施の間隔や曜日、終了日などの細かい設定が可能だ

スマホアプリで予約する

↑図6 スマホアプリでは、ミーティング予約時に「繰り返し」をタップし、次の画面で間隔を設定しよう

Section 06
開催予定のミーティングに参加者を招待する

　ミーティングを予約したら、参加者に招待メールを送信しよう。デスクトップアプリでは、「ミーティング」をクリックし、招待したいミーティング名を選択。「招待のコピー」をクリックすると、招待メールの文面がクリップボードにコピーされる（**図1**）。これをメールなどに貼り付けて送信すればよい（**図2**）。コピー内容には開始日時やミーティングID、ミーティングパスコード、参加用のリンクが含まれている。なお、「ミーティングへの招待を表示」をクリックすると文面をプレビューできるので、送る前に開始日時などが間違っていないかを確認しておくことをお勧めする。

　定期的なミーティングの場合、招待メール本文にミーティングの日程や開始日時などが記載されない。日程を手動で書き足してから送信しよう。

参加者に招待メールを送信する

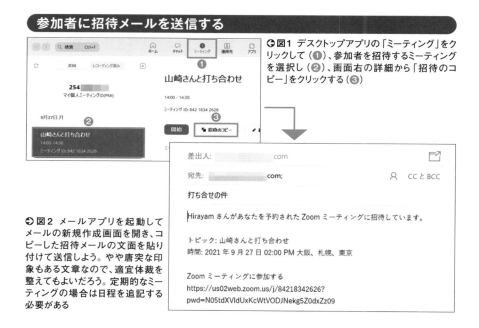

→**図1** デスクトップアプリの「ミーティング」をクリックして（❶）、参加者を招待するミーティングを選択し（❷）、画面右の詳細から「招待のコピー」をクリックする（❸）

→**図2** メールアプリを起動してメールの新規作成画面を開き、コピーした招待メールの文面を貼り付けて送信しよう。やや唐突な印象もある文章なので、適宜体裁を整えてもよいだろう。定期的なミーティングの場合は日程を追記する必要がある

Zoomウェブポータルから招待の文面をコピーする場合は、まず左のメニューで「ミーティング」をクリックし、次に招待したいミーティング名をクリックする。「ミーティングの管理」画面が表示されたら、「招待状のコピー」をクリックしてコピーしよう（**図3**）。あとはデスクトップアプリと同様にメール本文に貼り付け、参加者へ送付すればよい（**図4**）。

スマホアプリは、そもそもスケジュール設定時に参加者へメールを送付する流れになっている。後から別の相手も招待するという場合は、下部の「ミーティング」をタップし、招待したいミーティングをタップして「招待者の追加」からメールやメッセージで送信しよう（**図5**）。

Zoomウェブポータルから送付する

↑**図3** Zoomウェブポータルで左側のメニューの「ミーティング」をクリックし、「今後のミーティング」タブで招待メールを送りたいミーティング名をクリックする（**❶**）。「ミーティングの管理」画面が表示されるので、「招待リンク」にある「招待状のコピー」をクリックする（**❷**）

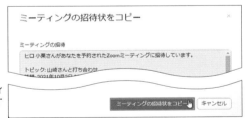

↑**図4** 招待の文面が表示されるので、「ミーティングの招待状をコピー」をクリックしてコピーする。これをメールなどに貼り付けて送信しよう

スマホアプリから送付する

↑**図5** スマホアプリでは、下部の「ミーティング」をタップし、ミーティング名をタップする。次の画面で「招待者の追加」をタップして（**❶**）、送信する方法を選択しよう（**❷**）。「メッセージの送信」からはメッセージアプリが、「メールの送信」からはメールアプリが起動する。「クリップボードにコピー」をタップすれば文面をコピーできる

スケジュール予約時にカレンダーへ登録している場合、同期したカレンダーアイテムを、そのままメールで送信することもできる。受信した相手も同じカレンダーを使っていれば、そのメールから直接カレンダーアイテムとして登録できるので便利だ。

Outlookの場合、カレンダービューからミーティングのアイテムをダブルクリックし、参加者のメールアドレスを入力して送信しよう（**図6**、**図7**）。Googleカレンダーの場合もアイテムをクリックし、メールのアイコンをクリックすればよい（**図8**、**図9**）。

いずれも無料で利用できるので、今までカレンダーアプリ（サービス）を利用したことがない人も、これを機に使ってみてはどうだろうか。

Outlookから参加者に通知する

↑図6 Outlookアプリで「カレンダー」ビューに切り替え、Zoomと同期したミーティングのアイテムをダブルクリックする

↑図7 カレンダーアイテムの編集画面が表示されるので、「必須」に参加者のメールアドレスを入力して（①）、「送信」をクリックする（②）。なお予約時にOutlookのアプリがインストールされていない場合、ウェブ版のOutlook.comに予定が同期されるが、そちらからでもメールを送信できる

Googleカレンダーから参加者に通知する

↑図8 ウェブブラウザーでGoogleカレンダーを表示して、Zoomと同期したミーティングのアイテムをクリックし（①）、「メールで送信」アイコンをクリックする（②）

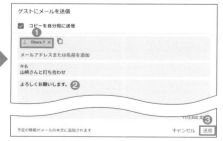

↑図9 参加者のメールアドレスを指定して（①）、必要に応じて簡単なメッセージを入力し（②）、「送信」をクリックすると（③）、相手に送信される

Section 07 ミーティングの日程を後から変更する

予約していたミーティングの開始時刻が早まった、参加者の都合で別の日程にしたいと頼まれた……。そんなときも、Zoomはミーティングの内容を後から変更できるので安心だ。ただし、参加者へすでに招待メールを送信しているなら、内容変更後に、改めて招待メールを再送する必要がある点には注意しよう。

デスクトップアプリでは、「ミーティング」をクリックして一覧を表示し、修正したいミーティング名を選択して修正しよう（**図1**）。Zoomウェブポータルの場合は、画面左のメニューで「ミーティング」をクリックし、ミーティング名にマウスポインターを合わせると表示される「編集」から修正可能だ（**図2**）。スマホアプリの場合も、「ミーティング」画面に表示されたミーティング名をタップして修正しよう（**図3**）。

予約したミーティングの内容を変更する

⊖図1 デスクトップアプリでは、「ミーティング」をクリックし（**❶**）、修正するミーティングを選択して（**❷**）、「編集」をクリックすると修正できる（**❸**）。保存後は同期したカレンダーアプリ（サービス）が表示され、変更が反映される

⊕図2 Zoomウェブポータルの場合は、左のメニューで「ミーティング」をクリックし、修正したいミーティング名にマウスポインターを合わせて、「編集」をクリックすると修正可能だ

⊕図3 スマホアプリの場合は、下部の「ミーティング」をタップし、ミーティング名をタップして「編集」をタップすると修正できる

Section 08

よく連絡する相手は「連絡先」に登録しておく

Zoomのミーティングで頻繁にやり取りする相手は、「連絡先」に登録しておこう。ミーティング中に相手を簡単に呼び出したり、チャットでのやり取りができたりと便利だ。

「連絡先」に登録するには、相手から承認してもらう必要がある。デスクトップアプリの場合、「連絡先」をクリックし、登録したい相手のメールアドレスを入力して招待しよう（**図1、図2**）。相手にリクエストメッセージが送信され、相手がそのメッセージを承認すると（**図3**）、晴れて連絡先として登録される（**図4、図5**）。万が一、見ず知らずの人からリクエストメッセージが届いた場合は、承認しないようにしよう。

スマホアプリでも同様に、「連絡先」をタップして相手を追加した後、相手から承認を得られてはじめて連絡先として登録される（**図6**）。

デスクトップアプリから連絡先に登録する

⬅図1 「連絡先」をクリックして（❶）、「連絡先」「チャンネル」というタブの右にある「+」をクリック（❷）。メニューから「Zoom連絡先を招待」を選ぶ（❸）。開く画面で相手のメールアドレスを入力し（❹）、「招待」をクリックすると（❺）、相手にリクエストメッセージが送信される。なお、招待できるのはZoomのアカウントとして登録されているメールアドレスだけだ

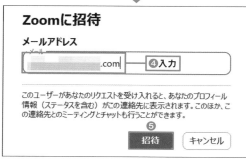

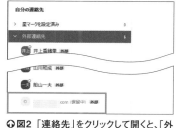

⬆図2 「連絡先」をクリックして開くと、「外部連絡先」に相手の名前が登録される。承認前は「保留中」となっている

リクエストが送られてきたら承認する

●**図3** リクエストメッセージは、デスクトップアプリの「チャット」をクリックし（**①**）、画面左上の「連絡先リクエスト」アイコンをクリックすることで確認できる（**②**）。既知の人からこのメッセージが届いた場合は確認して、「承認」をクリックしよう（**③**）

●**図4** 承認されると、依頼した側では「保留中」となっていた表示が消え、正式な外部連絡先として登録される。同時に、相手の連絡先にも自分が登録される

●**図5** 登録した連絡先は、「ミーティング」画面で「参加者」の右にある「∧」をクリックし、「招待」をクリックすると表示されるようになる。ここから簡単に呼び出すことも可能だ

スマホアプリで連絡先に登録する

●**図6** スマホアプリでは、下部の「連絡先」をタップして（**①**）、画面右上の「＋」をタップし（**②**）、「Zoom連絡先を招待」をタップする（**③**）。開く画面で登録したい相手のメールアドレスを入力して（**④**）、「追加」をタップすると（**⑤**）、相手にリクエストメッセージが送信される。相手が承認すれば、双方の「連絡先」にお互いの連絡先が登録される

Section 09 予定していたミーティングを開始する

　デスクトップアプリで予約したミーティングを開始するには、「ホーム」画面で「ミーティング」をクリックし、目的のミーティング名を選択して「開始」をクリックする（**図1**、**図2**）。また、Zoomのデスクトップアプリの通知からも同様に開始できる（**図3**）。ほかのカレンダーアプリやサービスと同期している場合はそれらからも通知されるが、その通知からミーティングを開始することはできない。一方、ミーティングに招待された参加者は、招待メールに記載された情報から参加しよう（**図4左**）。

　「ミーティングをスケジューリング」あるいは「ミーティングを編集」の画面で「待機室」をオンにしている場合、参加者はすぐにミーティングに参加できず、ホストが許可するまで待機することになる（**図4右**）。その際、ホストの「ミーティング」画面には通知が表示されるので、ユーザー名を確認したうえで許可しよう（**図5**）。スマホアプリでは、「ホーム」画面に予約されたミーティングが表示されるので、「開始」をタップするとミーティングを開始できる（**図6**）。

ホストがミーティングをスタートする

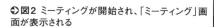

○**図2** ミーティングが開始され、「ミーティング」画面が表示される

○**図1** デスクトップアプリで「ミーティング」をクリックし（**①**）、画面左で開始するミーティングを選択（**②**）。画面右の詳細から「開始」をクリックする（**③**）

○図3 リマインダー通知を有効にしている場合、指定した開始時刻が近づくと通知が表示される。ここで「開始」をクリックすることでも、ミーティングを開始できる

「待機室」設定をしている場合は入室を許可する

↑図4 参加者はホストから送られた招待メールから参加する（左）。なお「待機室」がオンになっている場合、ホストが参加を許可するまで、待機画面が表示される（右）。この画面でスピーカーとマイクのテストも可能だ

○図5 参加者が待機状態になると、ホスト側の画面上部にメッセージが表示される。名前を確認し、「許可する」をクリックすることで、参加者がミーティングに参加できる

スマホアプリでミーティングを開始する

○図6 スマホアプリでは、予約したミーティングが「ホーム」画面に一覧表示されるので、目的のミーティングの「開始」をタップすると開始できる。画面下のミーティングコントロールからほかの参加者を招待したり、ビデオや音声をオフにしたりできる

Section 10 ミーティング中にカメラやオーディオを変更する

　パソコンに複数のカメラが接続されている場合、ミーティング中に別のカメラに切り替えることができる。例えば、自分を正面から映しているパソコンの内蔵カメラから、手元の作業を映している外付けのカメラの映像に切り替えて話を続けたいなどという場合に活用できる（**図1**）。

　カメラ同様、マイクやスピーカーもミーティング中に切り替えられる（**図2**）。例えば、ミーティングの途中でBluetooth対応のワイヤレスヘッドセットなどをパソコンに接続して利用したい場合などは、この方法で切り替えよう。

　なお一度切り替えると、以降はミーティングの開始時にそのデバイスが選択されるようになるので、毎回切り替える必要はない。

使用するカメラ、マイク、スピーカーを変更できる

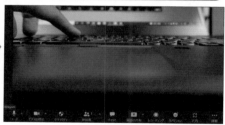

◆図1 「ミーティング」画面で「ビデオの停止（ビデオの開始）」の右にある「∧」をクリックし（❶）、目的のカメラ名をクリックすると（❷）、選択したカメラに切り替わり、それに合わせて自分の映像も切り替わる

◆図2 ほかの参加者の音声を再生するスピーカー、自分の音声を入力するマイクを切り替えるには、「ミュート解除）」の右にある「∧」をクリックし（❶）、目的のデバイスを選択する（❷）

参加中のメンバーと
その状態を確認する

「ミーティング」画面に表示できる人数は限られている（70ページ参照）。開催中の
ミーティングに参加している人は誰なのか、何人参加しているのか……そういった情
報は、「参加者」パネルで確認しよう。ミーティングコントロールの「参加者」をクリック
して表示できる（**図1**）。

「参加者」パネルでは、参加しているユーザーの名前や状況を確認できるほか、待
機室（65ページ図4、図5参照）で待機中の参加者を確認して、参加を許可したりも
できる。また、参加者の招待や一括ミュート、そのほかの詳細設定も可能だ（**図2**）。
なお一括ミュートと詳細設定のボタンは、ホストの画面のみに表示される。

スマホアプリの場合も同様に、ミーティングコントロールの「参加者」をタップすれば
参加者情報を確認できる。

「参加者」パネルで参加者と状態を確認できる

↑◐図1「ミーティング」画面で、ミーティングコント
ロールの「参加者」をクリックする（**①**）。「ミーティン
グ」画面の右側に、「参加者」パネルが表示され、参
加者の名前が一覧表示される（**②**）。待機室で許
可待ちをしている参加者も表示されるので、参加を
許可しよう（**③**）

◐図2 下部のメニューでは、参加者の招待や一括
ミュートのほか、「…」(Mac版では「詳細」)からミーティ
ングのロック／ロック解除、待機室の有効／無効の切
り替え、ミュートについてなどの詳細な設定ができる

Section 12 ミーティング中、一時的に表示名を変更する

　ミーティング中に表示される自分の名前（スクリーンネーム）は、アカウント作成時に設定したものなので、多くの場合は日本語の本名になっているはずだ。ほとんどのケースではそのままで問題ないが、例えば外国人のビジネスパートナーなどとのミーティングでは、アルファベット表記の方がわかりやすいだろう。また、ややフランクな雰囲気のミーティングでは、ハンドルネームを表示したいということもある。

　Zoomでは、ミーティングが始まった後でも自分のスクリーンネームを変更できる。ただし、ホストが変更を許可している場合のみ有効だ（**図1**）。変更するには、「参加者」パネルで自分のスクリーンネームの「詳細」をクリックしよう（**図2**）。なお、この変更は参加中のミーティング内でのみ有効で、終了すると元の名前に戻る。

スクリーンネームを一時的に変更する

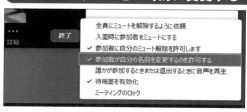

⊖図1　参加者が自分の表示名（スクリーンネーム）を変更するためには、事前にホスト側が許可する必要がある。「ミーティング」画面で「参加者」パネルの「…」（Mac版は「詳細」）をクリックし、「参加者が自分の名前を変更するのを許可する」にチェックを入れておく

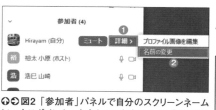

⊕⊖図2　「参加者」パネルで自分のスクリーンネームにマウスポインターを合わせると表示される「詳細」をクリックして（❶）、「名前の変更」を選択する（❷）。次の画面でスクリーンネームを入力して（❸）、「OK」をクリックしよう（❹）。なおホストのみ、ほかの参加者のスクリーンネームも変更できる

「スピーカービュー」で発言者を目立たせる

Zoomの「ミーティング」画面の表示形式は2種類ある。1つが「スピーカービュー」、もう1つが「ギャラリービュー」だ。スピーカービューは、発言者を自動的に判別し、その発言者の映像を大きく表示する。「ミーティング」画面右上の「表示」で「スピーカー」を選択すると、この表示になる（**図1**）。発言者が常に中央で大きく表示されるため、今発言をしている人がわかりやすいのが特徴だ（**図2**）。なおスマホアプリでは、画面の左右スワイプで表示形式を切り替えられる（次ページ参照）。

特定の参加者の映像を全参加者の画面に大きく表示する方法としては、「スポットライト」機能もある（71ページ参照）。用途に応じて使い分けるとよいだろう。

発言者を大きく表示する「スピーカービュー」

◎**図1** 「ミーティング」画面右上の「表示」をクリックし（**①**）、表示されるメニューで「スピーカー」を選択すると（**②**）、「スピーカービュー」になる

◎**図2** スピーカービューでは、発言者が画面中央に大きく表示され、それ以外の参加者の映像が画面の上側にサムネイル表示で並べられる。ミーティング中にメインで発言する人が代わると、それに合わせて画面中央の映像も切り替わる

Section 14 「ギャラリービュー」で参加者の並び順を変更する

　「ミーティング」画面のもう1つの表示形式である「ギャラリービュー」では、参加者の映像が全て同じ大きさになり、タイル状に並べられる。全ての参加者の顔を見ながら会話したい場合は、ギャラリービューに切り替えよう（**図1**）。デスクトップアプリで1画面に表示できるのは最大25人（CPUのスペックなど条件を満たせば49人）までだ。

　ギャラリービューとスピーカービューいずれの表示形式でも、目的の相手の映像をダブルクリックすると「ピン留め」され、画面中央に大きく表示される。例えば特定の参加者とだけ会話したい、講師役を常に目立たせておきたいといった場合に役立つだろう。このピン留めは、自分の画面にだけ反映され、ほかの参加者にはわからない。

　スマホアプリでは、左右にスワイプすると表示形式を切り替えられる。ギャラリービューでは、1画面につき最大4人の参加者が表示される（**図2**）。

「ギャラリービュー」を利用する

⬆**図1**「ミーティング」画面右上の「表示」をクリックし（❶）、「ギャラリー」を選ぶと（❷）、全ての参加者の映像が同じ大きさになり、タイル状に並ぶ。映像をドラッグ&ドロップして、並び順を入れ替えることも可能だ

⬆**図2** スマホアプリではスピーカービューが基本だが、3人以上の参加者がいる場合はギャラリービューにもできる。画面を右から左方向にスワイプすると、1画面につき最大4人表示される

Section 15

「スポットライト」で
講師の映像を大きく映す

多数のユーザーが参加しているミーティングで特定の人が中心になって進行する、セミナーで講師が長時間にわたって発言するといった場合は、「スポットライト」を設定することをお勧めする。スポットライトは、特定の参加者の映像を画面中央に大きく表示し続ける機能で、ホストのみが設定できる。左ページの「ピン留め」と似ているが、ピン留めは自分の画面だけに設定されるのに対し、スポットライトは全ての参加者に適用されるという違いがある。

スポットライトを設定するには、目的の参加者の映像にマウスポインターを合わせ、「…」をクリックして開くメニューから「全員のスポットライト」を選べばよい（**図1**）。

スマホアプリの場合、たとえ自分がホストでも、スポットライトの設定はできない。

3章

基本のビデオ会議

「スポットライト」で全員の画面を固定する

◆◆**図1** 目的の参加者の映像にマウスポインターを合わせると右上に「…」が表示されるので、これをクリックする（**①**）。メニューが表示されたら「全員のスポットライト」を選択すると（**②**）、指定した参加者の映像が画面中央に大きく表示される。スポットライトを解除するには、映像の左上に表示される「スポットライトを削除」をクリックする（**③**）

Section 16 発言しない場面では マイクやカメラをオフに

Zoom

　ミーティング参加中、長時間発言する機会がない場合は、自分のマイクをオフ（ミュート）にしておくとよい。特に自宅や外出先から参加している場合、周囲の声や環境音などがマイクを通じて全ての参加者に聞こえてしまい、場合によっては進行の妨げになることもあるためだ。マイクは、ミーティングコントロールの「ミュート」をクリックすることでオン／オフを切り替えられる（**図1**）。頻繁に行う操作なので、キーボードショートカットを覚えておくことをお勧めする（43ページ参照）。また、カメラの場合も同様に、ミーティングコントロールの「ビデオを停止」からオフにできる（**図2**）。

　参加者全員のマイク・カメラの状況は、「参加者」パネルで確認できる。

自分のマイクやカメラをオフにする

⤴図1 ミーティングコントロールで「ミュート」をクリックするとマイクがオフになり、クリックしたアイコンが「ミュート解除」表示になる（**❶**）。自分の映像にはマイクオフのアイコンが表示される（**❷**）。オフになるのはマイクだけなので、ほかの参加者の声は聞き続けることができる。なおミュート中に「ミュート解除」を押し続けると、その間ミュートが解除される。再びオンにするには「ミュート解除」をクリックしよう

⤴図2 カメラの場合も同様に、「ビデオの停止」をクリックするとビデオがオフになり、アイコンの表示が「ビデオの開始」に変わる（**❶**）。ビデオを停止すると、代わりにプロフィール画像が表示される（**❷**）。再びオンにするには「ビデオの開始」をクリックしよう

Section 17 参加者全員の音声を一括でミュートする

　ホストは、ほかの参加者のマイクをオフ（ミュート）にできる権限を持つ（**図1**）。セミナーや研修などで講師役、進行役が主に発言するような場合は、発言する機会がない、あるいは発言が少ない参加者のマイクをオフにしておくと、環境音などによる雑音を最小限にすることができるだろう。参加者のマイクをホストがオフにすると、その参加者の画面にはオフになった旨が通知される。

　ホストは、参加者ごとに個別にマイクをオフにできるだけでなく、ホスト以外の全ての参加者に対して一括してマイクをオフにすることもできる（次ページ**図2**、**図3**）。特に人数が多いミーティングに便利な機能だが、ホストはオフにした参加者のマイクを直接オンに戻すことはできない。マイクをオフにした参加者に発言してもらうには、その参加者自身がマイクを再びオンにする必要がある。ホストからミュートを解除してほしい旨、依頼のメッセージを送ろう（**図4**、**図5**）。

特定の人物の音声をミュートにする

◐◑**図1** ホストの「ミーティング」画面では、参加者の映像にマウスポインターを合わせると「ミュート」と表示される（**①**）。これをクリックすると、その参加者のマイクがオフになり、音声が消える（**②**）。この参加者に再度マイクをオンにしてもらうには、同じくマウスポインターを合わせて表示される「ミュートの解除を求める」をクリックして（**③**）、ミュートの解除を求めるメッセージを送ろう。なお、これらミュートやミュート解除のメッセージ送信は、「参加者」パネルからも行える

全員の音声を一括でミュートする

⮌⮍**図2** ホストの「ミーティング」画面で、ミーティングコントロールの「参加者」をクリックしてパネルを表示し、下部にある「すべてミュート」をクリックする（❶）。確認のメッセージが表示されたら、「はい」をクリックする（❷）。ここで「参加者に自分のミュート解除を許可します」のチェックを外すと、参加者はホストからミュート解除の依頼メッセージが届くまで、自分でミュートを解除できなくなる

⮌**図3** ホスト以外の参加者全員のマイクがオフになり、音声がミュートされる

全員にミュート解除を求める

⮌⮊ **図4** 全員がミュートされている状態で、「参加者」パネルの下部にある「…」（Mac版では「詳細」）をクリックし（❶）、「全員にミュートを解除するように依頼」を選ぶ（❷）。なお個別にミュート解除を求めるには、目的の参加者にマウスポインターを合わせ「ミュートの解除を求める」をクリックすればよい

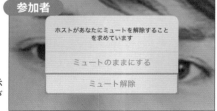

⮌**図5** 参加者の画面にはこのようなメッセージが表示される。「ミュート解除」をクリックすると、自分のマイクが再度オンになる

Section 18 参加者のビデオを 強制的にオフにする

　研修や講義などを行う場合、受講者側のビデオを常時表示する必要はない。むしろ自分の姿が常に映像を通じて見られていると思うと、緊張を強いられ、ミーティングの内容が頭に入らないということにもなりかねない。ホストは、リモート操作で参加者のカメラをオフにできるので、対象者へ事前に伝えたうえで、ビデオ表示をオフにするとよいだろう。

　ビデオオフの方法は簡単で、対象者の映像にマウスポインターを合わせ、メニューを表示して、「ビデオの停止」をクリックするだけだ（図1）。この操作は、「参加者」パネルでも行える。音声のミュートとは異なり、ビデオのオフは全参加者に一括しては行えない。一方、リモート操作でオフにした参加者のビデオを、ホスト側でオンに戻すことはできない。そのため、ホストは参加者に対してビデオをオンにするよう依頼するメッセージを送信する必要がある（図2）。

特定の参加者のビデオを停止する

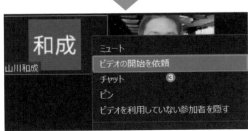

図1 ホストが参加者の映像にマウスポインターを合わせ、表示される「…」をクリックして（❶）、「ビデオの停止」を選ぶと（❷）、その人の映像がオフになる。また、参加者のカメラをオンに戻すには、同じメニューから「ビデオの開始を依頼」を選ぶ（❸）

図2 依頼された参加者の画面にはこのようなメッセージが表示されるので、「OK」（または「自分のビデオを開始」）をクリックすると、カメラが再度オンになる

Section 19 ホストの画面を共有して全員が同じ画面を見る

Zoom

　対面式のミーティングでは、情報を共有したり、相手にデータをわかりやすく説明したりする目的で、紙の資料などを提示することがある。ビデオミーティングでその役割を果たすのが、「画面共有」機能だ。

　説明する側が手元の資料をアプリで開いておき、そのアプリの画面を参加者全員に共有することで、同じ資料を見ながら話し合いをすることが可能になる。もちろん、値を書き換える、スクロールするなど、共有した本人がその資料に対して変更を加えると、リアルタイムでほかの参加者の画面にも反映される。

　初期設定では、画面共有を利用できるのはホストだけとなっている。ホスト側の画面共有方法としては、まずミーティングコントロールの「画面の共有」をクリックする（**図1**）。「共有するウィンドウまたはアプリケーションの選択」画面が表示されたら、共有するアプリを選択しよう（**図2**）。するとそのアプリ画面の共有が始まり、全員の画面に大きく表示される（**図3**）。

ホストが起動しているアプリ画面を共有する

⮕**図1** ホストの「ミーティング」画面で、ミーティングコントロールの「画面の共有」をクリックする

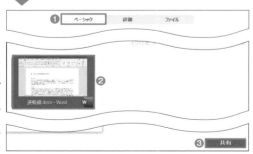

⮕**図2** 「共有するウィンドウまたはアプリケーションの選択」画面が表示されるので、「ベーシック」タブをクリックして（❶）、共有するアプリのウィンドウを選択し（❷）、「共有」をクリックする（❸）。なお、この画面で「Ctrl」（Macでは「command」）キーを押しながら選択すると、複数のアプリのウィンドウを同時に共有できる

画面共有は、指定したアプリのウィンドウだけでなく、ホストのデスクトップ画面全体を参加者と共有することも可能だ（**図4**）。パソコンの操作方法を参加者にレクチャーするような場合に役立つ。

　さらに、画面の一部を指定して、その部分だけを共有したり（**図5**）、別のカメラの映像を共有したりもできる。状況に応じて使い分けるとよいだろう。

　画面の共有を終了するには、画面上部に表示される「共有の停止」をクリックすればよい。

⬆️**図3** 画面の共有が始まる。選択したアプリのウィンドウのみが、ほかの参加者の画面に映し出される。ホストの画面では、ほかの参加者から見える範囲が緑の枠で囲まれる。終了するには「共有の停止」を押す

ホストのパソコンのデスクトップ画面を共有する

⬆️⬆️**図4** 「共有するウィンドウまたはアプリケーションの選択」画面で「ベーシック」タブをクリックして（❶）、「画面」を選ぶと（❷）、デスクトップ画面全体を共有できる

画面の一部を共有する

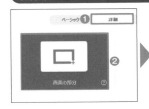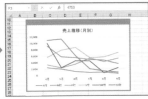

⬅️**図5** 「共有するウィンドウまたはアプリケーションの選択」画面で「詳細」タブをクリックして（❶）、「画面の部分」を選ぶと（❷）、ほかの参加者に共有される範囲を示す緑色の枠が表示される。マウス操作で枠を移動したり大きさを調整したりして共有する部分を囲もう

　スマホアプリでも、ホストはホーム画面や各種アプリの画面を共有できる。ホーム画面の共有は、特にアプリ操作の様子などを見せたい場合に役立つ。「ミーティング」画面で「共有」をタップし、「画面」をタップして共有を開始しよう（**図6、図7**）。共有を終了するには、iPhone/iPadの場合は赤い時計の部分をタップして「停止」をタップ、Androidの場合は「共有の停止」をタップすればよい。

スマホアプリで画面を共有する

◐**図6** スマホアプリの「ミーティング」画面で「共有」をタップし（**❶**）、「画面」をタップする（**❷**）。ほかにも、撮影した写真や各種オンラインストレージに保存したファイルなどを共有できる

◐◑**図7** ブロードキャスト（放送）を許可する画面が表示されるので、「ブロードキャストを開始」をタップすると、画面の共有が開始される（機種によっては、「他のアプリの上に重ねて表示する」機能をオンにする必要がある）。Androidなら注釈を付けることも可能だ

Section 20 参加者が画面を共有するにはホストの許可が必要

　画面の共有機能は、初期状態ではホストしか使用できないが（**図1**）、ホストが許可をすれば、ほかの参加者も画面を共有できるようになる。参加者側から資料を提示したい、あるいはアプリの操作方法を見てほしいといった場合に役立つだろう。

　ホスト側で画面共有を許可するには、ミーティングコントロールの「画面の共有」の右にある「∧」をクリックする（**図2**）。続いて、「高度な共有オプション」で全参加者の画面共有を許可すればよい（**図3**）。なお「高度な共有オプション」は、現在のミーティングにのみ有効であるため、新たなミーティングを開催する場合は、その都度設定を変更する必要がある。

ホストがほかの参加者の画面共有を許可する

参加者

> **Zoom**
>
> **ホストは、参加者の画面共有を無効にしました。**
>
> OK

←図1 ホストではない参加者が「画面の共有」をクリックすると、初期状態ではこのようなメッセージが表示されて使用できない

ホスト

↑図2 ほかの参加者が画面の共有機能を使えるようにするには、ホストの「ミーティング」画面で「画面の共有」の右にある「∧」をクリックし（**❶**）、「高度な共有オプション」を選ぶ（**❷**）

↑図3 「共有できるのは誰ですか?」で「全参加者」を選択すると、全員が画面を共有できるようになる。なお、「同時に共有できる参加者は何名ですか?」で複数の画面の共有を許可するかどうかを設定し、「他の人が共有している場合に共有を開始できるのは誰ですか?」では、すでに1つの画面が共有されているときに、追加の画面を共有できる参加者を、ホストのみにするか、全参加者にするかを選択する

Section 21 共有画面の表示モードを変更して見やすくする

デスクトップアプリの場合、画面共有中は共有されている画面が一番大きく表示され、個々の映像は独立した「ビデオパネル」として表示される。ただ、共有する内容によっては、ビデオパネルがちょうど資料の一部に重なってしまい、内容が確認できないこともある。パネルを手で動かすこともできるが、「左右表示モード」に切り替えると、ビデオパネルと共有された画面の表示エリアが統合されるので、画面が隠れることもなくなる（**図1**）。そのほか、「共有されている画面の一部をよく見たい」など拡大率を変更したい場合は、「ズーム比率」を変更するとよいだろう（**図2**）。

なお、これらの機能は、共有された立場にある参加者が利用できる。

左右表示モードで画面が重ならないようにする

⬆➡**図1** 画面共有中、画面上部の「オプションを表示」をクリックして（❶）、「左右表示モード」をクリックすると（❷）、左右表示モードに切り替わり、共有された画面の表示エリアとビデオパネルが一体化するため、重なりが解消される。元の表示に戻すには、同じメニューで再度「左右表示モード」をクリックする

共有画面の拡大率を変更する

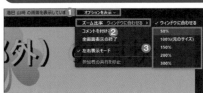

➡**図2** 画面共有中、画面上部の「オプションを表示」をクリックして（❶）、「ズーム比率」をクリックする（❷）。表示されるサブメニューから、共有されている画面の表示倍率を選択しよう（❸）。最小50％から最大300％の範囲で選択できる

Section 22 共有画面にコメントを入れて 追加で説明する

対面式のミーティングでも、紙の資料に何かしら書き加えながら、説明していくことがあるだろう。それと同じことがZoomの「画面共有」でもできる。しかもZoomなら、書き込んだコメントには自分の名前が表示され、ほかの参加者にも見えるので、誰が書いたかも一目瞭然。説明を書き加えるだけでなく、各自で出し合ったアイデアを可視化したり、まとめたりするのにも最適だ。

共有されている画面へコメントを書き込むには、共有時に表示されるミーティングコントロールから、「コメントコントロール」を表示しよう（**図1、図2**）。スマホでは、画面の左下にあるペンのアイコンをタップすると、書き込みを開始できる。

「コメントコントロール」を表示する

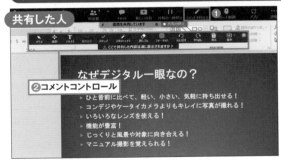

⊙**図1** 画面を共有した本人の場合、画面上端のミーティングコントロールで「コメントを付ける」をクリックすると（①）、「コメントコントロール」が表示される（②）

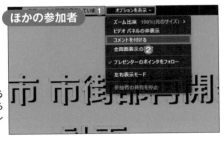

⊙**図2** そのほかの参加者の画面では、画面上部にある「オプションを表示」をクリックして（①）、メニューから「コメントを付ける」をクリックすると（②）、コメントコントロールが表示される

フリーハンドで線やイラストを描き込む場合は、「描き込む」を選択しよう（**図3**）。線の色や太さも自由に選択できる。長い文章を入力したいなら、「テキスト」を選択して、キーボードでテキストを入力する方が楽だろう（**図4**）。

「ここに注目してほしい」という場所を指し示すなら、「スポットライト」がお勧めだ。レーザーポインターのように注目すべき位置を示せるほか、矢印や数秒後に消える線を使って、視線を誘導することもできる（**図5**、**図6**）。

共有画面にコメントを入れる

⊖**図3** コメントコントロールで「描き込む」をクリックすると、共有されている画面上にフリーハンドで描き込める。線の色や太さは、「フォーマット」から選択できる。描き込んだ線を消すには、「消しゴム」をクリックし、消したい線をドラッグする

⊖**図4** 「テキスト」をクリックし、画面上をクリックすると、その位置からキーボードを使ってテキストを入力できる。テキストの色や文字書式は「フォーマット」から変更できる

「スポットライト」で注目を促す

⊖**図5** 「スポットライト」にマウスポインターを合わせると表示されるメニューで「スポットライト」（一番左）を選ぶと（**①**）、マウスポインターの形がレーザーポインターの光のようになり、説明対象を指し示す際に目立たせることができる（**②**）。スポットライトを使えるのは画面を共有した本人のみだ

⊖**図6** 「スポットライト」にマウスポインターを合わせると表示されるメニューで「矢印」（中央）を選び（**①**）、続けて画面上をクリックすると、画面上に自分の名前付きの矢印を入れられる（**②**）。同じメニューにある「バニシングペン」（一番右）は、フリーハンドで線を描ける機能。描いた線を自分で削除しなくても数秒で消えるので、一時的に強調したいときなどに便利だ。バニシングペンも、画面共有した本人のみ利用できる

スマホアプリの場合、左下のペンアイコンをタップすると、書き込みを行うためのツールが展開するので、これを利用しよう（図7）。共有された画面が小さいと感じたら、スマホを横向きにするか、ピンチアウトすることで拡大できる。

　議論がひと段落したら、画面のスクリーンショットを保存しよう。PNGまたはPDF形式での保存となる。コメントコントロールの「保存」の右にある「∨」をクリックしてファイルの保存形式を選択し、「保存」をクリックすると保存される（図8、図9）。

スマホアプリから書き込みする

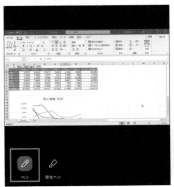

◆◆図7 スマホアプリでは、画面が共有されると画面の左下にペンアイコンが表示されるので、これをタップする。「ペン」「矢印」などのツールが展開されるので、これらを使ってコメントを書き込もう。スマホを横向きにしたり、ピンチアウトすることで、共有画面を拡大できる

書き込んだコメントを保存する

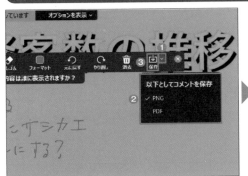

◆図8 書き込んだコメントを含め、現在表示されている画面をスクリーンショットとして保存するには、コメントコントロールの「保存」の右にある「∨」をクリックし（❶）、ファイル形式を選択する（❷）。続けて、「保存」をクリックしよう（❸）

◆図9 指定した形式でスクリーンショットが保存される。Windowsでの既定の保存先は、「ドキュメント」フォルダー内の「Zoom」フォルダーの中にある、名前にミーティングの開始日時が付けられたフォルダーだ

Section 23
PowerPointを背景にして
スマートにプレゼンをする

スライドショーの前に立って商品をプレゼンするような場面に便利なのが、「バーチャル背景としてのPowerPoint」機能だ。PowerPointで作成したスライドショーを、自分の映像の背景として表示することで、ほかの参加者とその内容を共有することができる。通常のバーチャル背景（41ページ参照）と違うのは、話の内容に合わせて背景を次々と切り替えられる点。発言者は右下に小さく表示され、実際にスライドの前に立っているかのような演出ができる。もちろん、大きさの変更も可能だ。

画面共有を開始する場面で、「バーチャル背景としてのPowerPoint」をクリックし、PowerPointのファイルを選択しよう（**図1**）。スライドを次のページに送る／前のページに戻すには、下部の「＜」「＞」をクリックするだけだ（**図2**）。

パワポのスライドショーを背景にできる

⬆**図1** 76ページ図1、図2を参考に「共有するウィンドウまたはアプリケーションの選択」画面を表示。「詳細」タブをクリックして（❶）、「バーチャル背景としてのPowerPoint」をクリックする（❷）。次の画面で、スライドショーのファイルを選択しよう（❸）。なお、Macでは「バーチャル背景としてのスライド」となり、PowerPointだけでなく、Keynoteで作成したスライドも選択できる

➡**図2** スライドショーが、自分の背景に合成表示される。スライドの下端中央に表示されるのがスライドコントロールで、ここでスライドを切り替えたり、自分の映像のサイズを変更したりできる。スライドの共有を終了するには、ウィンドウ上端に表示される「共有の停止」をクリックする

Section 24 相手の画面を直接操作してレクチャーする

パソコンやスマホでアプリの使い方を指導しているとき、操作がわからなくなってしまったら、講師が生徒の端末を直接操作するということもあるだろう。Zoomでも同様に、「リモートコントロール」機能で相手の画面を遠隔操作し、サポートできる。

前準備として、コントロールされる側はZoomウェブポータルで「遠隔操作」をオンにしておこう（初期設定ではオンになっている）。ミーティングが始まったら、コントロールする側からリクエストを送る（**図1**）。相手がこれを承認すると、相手の画面を直接操作できる（**図2**）。

注意したいのは、デスクトップ画面全体の操作を共有すると、パソコン全体の操作権限まで相手に渡すことになってしまう点だ。リクエスト送信元の名前をよく確認し、確実に信頼できる相手のみ承認するようにしたい。

3章

基本のビデオ会議

リモート制御を行う

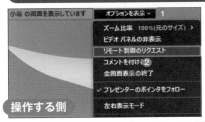

操作する側

操作される側

Hirayamが画面のリモート制御をリクエストしています

画面をクリックすることにより、いつでも制御を取り戻せます。

辞退　　承認❸

⊕**図1** 画面共有中、コントロールする側が「オプションを表示」をクリックし（❶）、「リモート制御のリクエスト」をクリックする（❷）。すると、コントロールされる側にリクエストのメッセージが送られる。「承認」をクリックすると（❸）、リモートコントロールが開始される

操作する側

⬆**図2** リモートコントロールが開始されると、コントロールする側の画面上に「…の画面を制御しています」と表示される。リモートコントロールを終了するには、コントロールする側が「オプションを表示」のメニューから「リモート制御権の放棄」をクリックするか（❶❷）、またはコントロールされる側が画面の共有を停止する

リアクションをして
相手に意思を伝える

　多くの人が参加するミーティングでは、何らかの意見を発信するときや多数決を採るときなどに、挙手を行ってアピールする。これと同じことができるのが、Zoomの「手を挙げる」機能である。

　ミーティングコントロールにある「リアクション」で「手を挙げる」をクリックすると、「ミーティング」画面の自分の映像に手のアイコンが表示される（**図1**）。話を遮ることなく進行役にアピールできるほか、手を挙げた人数もわかるので、多数決を採る際などにも利用できる。人数は、「参加者」パネルで確認できる（**図2**）。

　手を挙げた状態では、そのメニューの表示は「手を降ろす」に変化する。発言が終わったら、「手を降ろす」をクリックしてアイコンを非表示にしよう。

挙手をしてホストにアピールする

🔼➡**図1** ミーティングコントロールで「リアクション」をクリックして（❶）、表示されるメニューで「手を挙げる」を選ぶ（❷）。すると、映像の左上に、挙手していることを示すアイコンが表示される（❸）

➡**図2** 挙手をしている人の名前や人数を確認するには、ミーティングコントロールの「参加者」をクリックし、「参加者」パネルを開けばよい

人数もわかる

発言者は、相手から反応があるとうれしく思うもの。別々の場所にいる人たちが話し合いをするビデオミーティングを円滑に進めるためには、対面のとき以上に相手の発言に積極的に反応することが大切になる。

Zoomの「リアクション」では、挙手のほかにも絵文字を使うことができる。拍手やサムズアップ（親指を立てるジェスチャー）、ハートなどに加え、「…」からさらなる絵文字のバリエーションも選べる（図3）。「賛成!」「面白い」「なるほど」など、自分の気持ちを伝えたいと思ったら、ぜひマッチする絵文字をクリックしてリアクションをしてみよう。絵文字は、挙手のアイコンと同様に自分の映像の左上に表示される（図4）。

スマホの場合は、「…」（詳細）をタップすると、挙手や絵文字の送付ができる（図5）。

絵文字を使って気持ちをライトに伝える

◆◆図3 ミーティングコントロールの「リアクション」をクリックして（❶）、「…」をクリックすると（❷）、メニューが展開されて、さらなる絵文字のバリエーションが表示される（❸）。「スキントーン」から、絵文字の肌の色を変更できる

◆図4 絵文字を選択すると、自分の映像の左上に表示される。「手を挙げる」とは異なり、約10秒後に自動的に消える

スマホアプリで手を挙げる

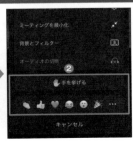

◆図5 スマホアプリの場合は、「…」（詳細）をタップし（❶）、「手を挙げる」や絵文字を選択する（❷）

Section 26 ミーティングの様子を 録画・録音して保存する

　ミーティングの内容を後から見返してテキスト化したり、アーカイブとして保存したりしたい場合は、「レコーディング」機能を使って録画・録音しておくとよい。レコーディングは基本的にホストのみが利用でき、参加者が誰でも好きに録画・録音できるわけではない。なお、録画・録音されることを嫌う参加者もいるかもしれないので、ミーティングの模様を録画・録音することは、事前に必ず伝えておこう。

　レコーディングには「ローカル保存」（パソコンの内蔵ストレージに保存）と「クラウド保存」（クラウド上のストレージに保存）の2種類がある。ここではまず、無料プランでも利用できるローカル保存について解説する。

　録画・録音は、ミーティングコントロールの「レコーディング」をクリックし、「このコンピューターにレコーディング」を選ぶと開始する（**図1**、**図2**）。共有された画面やホワイトボードなども含め、ミーティングの様子がそのまま記録される。

ミーティングを録画・録音して保存する

↑**図1** ミーティングコントロールの「レコーディング」をクリックする（❶）。メニューが表示されるので、「このコンピューターにレコーディング」を選択する（❷）

↩**図2** 録画・録音が開始され、ウィンドウの左上に「レコーディングコントロール」が表示される。なお録画・録音が開始されると、各参加者には「このミーティングは録画中です」というメッセージが表示される

記録を終了するには、メインスピーカーの映像の左上に表示される「レコーディングコントロール」で、「レコーディングを停止」ボタンをクリックしよう（**図3**）。記録はその時点で停止されるが、記録したデータの生成は、ミーティングが終了してから行われる（**図4**）。なお再度録画・録音を始めると、別のファイルとして記録が始まる。

記録したデータを再生・削除する場合は、デスクトップアプリから行う。「ミーティング」画面の「レコーディング済み」タブからアクセスしよう（**図5**）。

録画・録音を終了する

○**図3** レコーディングコントロールで「レコーディングを停止」ボタンをクリックすると記録が終了する。なお1つ左の「レコーディングを一時停止」ボタンをクリックすると、一時停止できる

○○**図4** ミーティングを終了すると、録画・録音したデータの変換処理が始まる。その後、Windowsの既定では「ドキュメント」→「Zoom」フォルダー内に作成される、ミーティング開始日時の名前が付いたフォルダーに保存される

記録した動画を再生する

○○**図5** デスクトップアプリで「ミーティング」をクリックし（**①**）、「レコーディング済み」タブをクリックすると（**②**）、記録したデータが表示される。再生したいデータをクリックし（**③**）、「再生」をクリックすると（**④**）、再生が始まる。なお、「オーディオのみの再生」をクリックすると音声のみの再生となり、「削除」をクリックするとデータが削除される

Section 27

録画・録音をクラウド上に保存して共有する

　記録したミーティングを参加者全員で簡単に共有できないものか……。そんなときは「クラウド保存」が便利だ。クラウド保存なら、Zoomが提供するクラウドストレージ上にデータを保存し、アクセス用のリンクを参加者に送付するだけで共有できる。ローカル上のストレージ容量を圧迫せず、重い動画データを圧縮してメールに添付するなどの手間もいらない。ただし、利用できるのは有料プランを契約したアカウントのみだ。また、クラウドストレージの既定容量は1ライセンスにつき1GB。より多くの録画・録音データを保存したい場合は、有料オプションで容量を増やす必要がある。

　録画・録音は、ミーティングコントロールの「レコーディング」をクリックし、「クラウドにレコーディング」を選択すると、即時開始される（**図1**、**図2**）。

クラウド上に録画・録音する

⬆➡**図1**「ミーティング」画面で、ミーティングコントロールの「レコーディング」をクリックする（❶）。メニューが表示されるので、「クラウドにレコーディング」を選択する（❷）

➡**図2** ミーティングの録画・録音が開始される。一時停止や再開、停止の操作は、ローカル保存の場合（88ページ参照）と同じだ。停止時には「クラウドへの記録を停止しますか?」というメッセージが表示されるので、「はい」をクリックしよう。ミーティング終了後、視聴可能になると、メールで通知される

クラウド上に保存したデータが視聴可能になると、メールで通知される。それを確認したら、参加者に共有リンクを送付しよう。

共有リンクは、デスクトップアプリの「ミーティング」から確認できる（**図3**）。リンクをコピーして、メールなどで参加者に知らせればよい。なお削除やダウンロードなどの操作は、Zoomウェブポータルにアクセスする必要がある（**図4**）。

スマホアプリではローカル保存ができず、クラウド保存しかできない（**図5**）。すなわち、スマホで録画・録音するためには、有料プランを契約する必要があるということだ。

共有リンクを参加者へ送付する

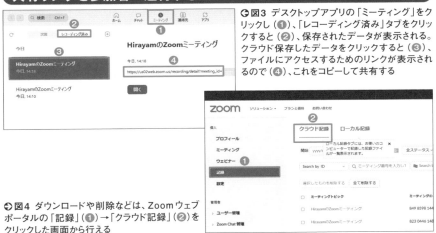

⮕**図3** デスクトップアプリの「ミーティング」をクリックし（❶）、「レコーディング済み」タブをクリックすると（❷）、保存されたデータが表示される。クラウド保存したデータをクリックすると（❸）、ファイルにアクセスするためのリンクが表示されるので（❹）、これをコピーして共有する

⮕**図4** ダウンロードや削除などは、Zoomウェブポータルの「記録」（❶）→「クラウド記録」（❷）をクリックした画面から行える

スマホアプリはクラウド保存のみ対応

⮕**図5** スマホアプリの「ミーティング」画面で「…」（詳細）をタップし、「クラウドにレコーディング」をタップすると（❶）、記録が開始される。記録中は画面左上に「REC」と表示され、画面下にレコーディングコントロールが表示される（❷）。レコーディングコントロールの「停止」ボタンをタップし、続いて表示されるメッセージの「停止」をタップすると、記録が停止し、クラウド上に保存される

Section 28 参加者が録画・録音するにはホストの許可が必要

レコーディング機能は通常、ホストしか利用できない（**図1**）。とはいえ、ホストだけでなく、参加者側でもミーティングを記録しておきたいこともあるだろう。この場合、ホストがその参加者に許可することで、レコーディングできるようになる。なお、ホストに許可された参加者は、たとえZoomの有料プランに加入していたとしてもクラウドへの保存はできず、ローカル保存のみになる点に注意したい。

録画・録音を許可するには、目的の参加者の映像にマウスポインターを合わせ、「…」をクリックする。メニューが表示されたら、「ローカルファイルの記録を許可」をクリックしよう（**図2**）。これで、その参加者もローカル保存が可能になる。

特定の参加者による録画・録音を許可する

参加者

ミーティングのホストにレコーディングの許可をリクエストしてください

閉じる

○図1 ホスト以外の参加者がレコーディング機能を利用しようとすると、初期状態ではこのようなメッセージが表示されて録画・録音できない

ホスト

○○図2 特定の参加者に録画・録音を許可するには、ホストが「ミーティング」画面で目的の参加者のビデオにマウスポインターを合わせ、表示される「…」をクリック（①）。メニューから「ローカルファイルの記録を許可」を選択する（②）。これで録画・録音が可能になるので、参加者にその旨報告しよう

ミーティング中に
新しい参加者を招待する

　ミーティング中、ほかの人にも追加で参加してもらいたいということもあるだろう。この場合の招待方法は、大きく分けて2つある。

　1つめは50ページでも紹介したように、招待メールを送信して、その本文に記載された参加リンクあるいはミーティングID・ミーティングパスコードから参加してもらう方法だ。ミーティングコントロールで「参加者」の右にある「∧」をクリックし、「招待」をクリックして、メールアドレスを入力して送ろう。この方法なら、相手の環境にデスクトップアプリがインストールされていなくても、ウェブブラウザー版で参加できる。一方で、アドレスを入力する手間がかかる。

　2つめが、連絡先（62ページ参照）に登録済みのユーザーを呼び出す方法だ（**図1、図2**）。この方法がより簡単で、操作手順も少なくて済む。ミーティングを頻繁に行う相手は、連絡先に登録しておくことをお勧めする。

連絡先一覧から招待する

招待する人

○**図1** ミーティングコントロールの「参加者」の右にある「∧」をクリックし、「招待」を選択。開いた画面で「連絡先」タブを選ぶ（①）。登録済みの連絡先が表示されるので、目的の相手をクリックして（②）、「招待」ボタンを押す（③）

招待される人

○**図2** 相手がZoomのデスクトップアプリを起動している場合は、相手側にこのような通知が表示される。「参加」をクリックすると、開催中のミーティングに参加することができる

なお招待は、ミーティングコントロールの「参加者」をクリックして表示される「参加者」パネルからも可能だ（**図3**）。

スマホアプリでミーティング中にほかの参加者を招待する場合も、デスクトップアプリ同様どちらの方法も選択できる（**図4**）。

なお、開催中のミーティングへのほかの参加者の招待は、ホストだけでなく、全ての参加者ができる。

「参加者」パネルから招待する

◯**図3** ほかの参加者の招待は、「参加者」パネルからも行える。「参加者」パネルの下部にある「招待」をクリックすると、図1の画面が表示される

スマホアプリから招待する

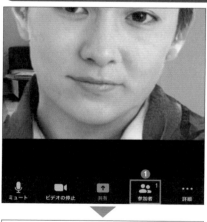

◯◯**図4** スマホアプリの場合、「ミーティング」画面で「参加者」をタップし（❶）、「招待」をタップして（❷）、招待する方法を選択しよう（❸）。スマホアプリでは、「メッセージの送信」からSMSやMMSを使って招待できる

Section 30
共同ホストを設定して
ミーティングの管理者を増やす

　大人数が参加するミーティングだと、ホスト1人で全てを管理するのもひと苦労。ミーティングを進行しつつ、待機室にいる人の確認・許可をしたり、ミュートにしたり、迷惑な人を強制退出させたり……。「ホストがもう1人欲しい！」と思うのも当然だろう。

　そんな悩めるホストにお勧めなのが、有料プランで利用できる「共同ホスト」機能だ。ホストが持つ権限の一部をほかの参加者と共有し、ミーティングの管理運用を共同で行うという機能で、共同ホストに指定されたユーザーは開催中のミーティングや参加者に対して、ミーティングの終了や録画・録音、参加者の入退室、ミュート、ブレイクアウトルームでの各ルームへの自由な入退室などの操作ができる（**図1**）。

ホストの権限の一部を共有する「共同ホスト」

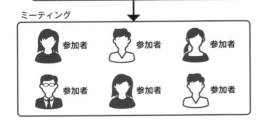

○**図1** 「共同ホスト」は、ホストと同等の操作権限を共有して、ミーティングを共同で運営できる。ただし待機室の有効化、共同ホストの設定、ミーティングの開始はホストのみの権限だ。共同ホストの数に制限はない

　共同ホスト機能を利用するためには、事前にZoomウェブポータルで機能を有効にしておく必要がある（**図2**）。

　共同ホストの権限を与えるには、ミーティング開始後、参加者の中から目的の参加者を指定して、「共同ホストを作成」をクリックしよう（**図3**）。共同ホストに設定された相手は、「参加者」パネルに「（共同ホスト）」と表示され、参加者に対する各種の操作やミーティングの終了などができるようになる（**図4**）。

「共同ホスト」機能を有効にする

⊖**図2** Zoomウェブポータルにサインインし、画面左の「設定」をクリックして、「共同ホスト」のスイッチをオンにする。これでホストになった際、ほかの参加者を共同ホストに指名できるようになる

参加者を共同ホストに設定する

⬆**図3** 「ミーティング」画面で共同ホストとして指名したい参加者の映像にマウスポインターを合わせ、「…」をクリックする。表示されたメニューの「共同ホストを作成」を選択し（❶）、確認のメッセージが表示されたら、「はい」をクリックしよう（❷）

⊖**図4** 指定された参加者は共同ホストとなり、ミーティングに関するさまざまな操作権限をホストと共有する。共同ホストであることは、ミーティングコントロールの「参加者」をクリックし、「参加者」パネルを表示すると確認できる

ミーティングが終わったら
会議室から退出する

　終了予定の時刻になったり、必要な議論が収束したのなら、ミーティングを終了しよう。まずは参加者から退出する。ミーティングコントロールの「退出」をクリックし、さらに「ミーティングを退出」をクリックすれば、「ミーティング」画面が閉じられ、退出できる（**図1**）。もちろん、途中で退出することもでき、退出したミーティングが開催されている間は、いつでも再参加が可能だ。

　最後に、ホストが「終了」→「全員に対してミーティングを終了」をクリックすれば、ミーティング自体が終了する（**図2**）。

　なおホストが「ミーティングを退出」から先に退出すると、ホストがいなくなってしまう。ホストが途中で離脱する場合は、ホスト権限をほかの参加者に委譲しよう。委譲する参加者の映像上で「…」→「ホストにする」をクリックすればよい。

参加者が退出する

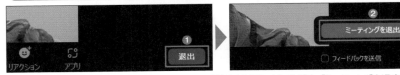

⬆**図1** 参加者の場合はミーティングコントロールの「退出」をクリックして（❶）、「ミーティングを退出」をクリックすると退出できる（❷）

ホストがミーティングを終了する

⬆**図2** ホストの場合は「終了」をクリックして（❶）、「全員に対してミーティングを終了」をクリックする（❷）。これでミーティングそのものが終了し、ほかの参加者は強制的に退出となる。ミーティングの途中で退出するなら、ホストの権限を委譲してから右画面で「ミーティングを退出」をクリックして退出しよう

便利な機能

Zoomは顔を見て話せるだけのツールではない。
チャットで密に連絡を取ったり、
ホワイトボードでアイデアを出し合ったり、
さらにはブレイクアウトルームで
小グループに分かれて議論することだってできる。
チームで動きやすくするための
チャンネルやユーザー管理機能も見逃せない。
もっと便利に、よりディープに、
Zoomを使いこなすための機能を紹介する。

Zoom

Section 01 ビデオミーティング中に 文字でもやり取りをする

　「ビデオミーティング」といえば相手の顔を映像で見ながら音声でコミュニケーションを取るのが一般的だが、Zoomではさらに「チャット」機能でテキストベースのやり取りもできる。音声だけではどうしても伝えられない内容——例えばURL、画像、文書などの資料を共有したいときに、特に重宝するだろう。また、チャットならテキストを目に見える形で残せるため、ミーティングの議事録代わりに使うこともできる。

　ミーティング中にチャットを開始するには、「チャット」パネルを表示し、メッセージを入力して送信すればよい（**図1**）。テキストが送信されると、ほかの参加者の「ミーティング」画面に通知バッジが表示されるので、これを開くと内容を確認できる（**図2**）。

文字でのコミュニケーションに便利な「チャット」

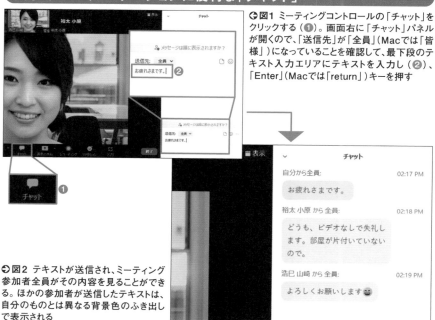

●**図1** ミーティングコントロールの「チャット」をクリックする（**①**）。画面右に「チャット」パネルが開くので、「送信先」が「全員」（Macでは「皆様」）になっていることを確認して、最下段のテキスト入力エリアにテキストを入力し（**②**）、「Enter」（Macでは「return」）キーを押す

●**図2** テキストが送信され、ミーティング参加者全員がその内容を見ることができる。ほかの参加者が送信したテキストは、自分のものとは異なる背景色のふき出しで表示される

テキストを特定の参加者だけに送信したい場合は、ダイレクトメッセージを送ろう。「チャット」パネルの「送信先」のドロップダウンリストから、目的の参加者名をクリックして選択し、メッセージを送信すればよい（**図3**）。

　スマホアプリの場合は、「ミーティング」画面の「…」（詳細）からデスクトップアプリと同様にチャットを利用できる（**図4**）。

　なお、チャットの内容はミーティングが終わると消滅してしまう。議事録として残すなら、「チャット」パネルの「…」（詳細）をクリックしてダウンロードしておこう。

特定の人物のみにチャットを送る

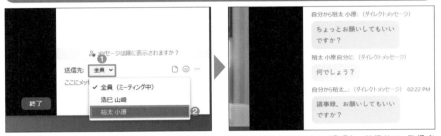

⬆**図3**「チャット」パネルで「送信先」のリストからテキストを送信する相手を選ぶ（❶❷）。送信後は、発信者名の横に「ダイレクトメッセージ」と表示され、選択した相手にしか見えないテキストになる。相手の「送信先」には自動的に自分が選択され、すぐさま直接のやり取りができる

スマホアプリでチャットを行う

⬅**図4** スマホアプリでは、「…」（詳細）をタップし（❶）、「チャット」をタップすると（❷）、「チャット」パネルが表示される（❸）

Section 02 Zoomをチャットツール として使う

Zoomは、ビデオや音声を使わないチャット専用ツールとしても利用できる。テキストをメインにやり取りをしたいなら、アプリの「チャット」機能を利用しよう。デスクトップアプリとスマホアプリの両方で利用可能だ。

やり取りの相手は事前に「連絡先」に登録しておく必要がある（62ページ参照）。チャットを行うには、「連絡先」画面で相手の名前をクリックし、「チャット」をクリックしよう（図1）。すると「チャット」画面に新しいチャットルームが作られ、やり取りが可能になる（図2）。

なお複数人のルームを作りたいなら、「チャット」画面で新しいチャットルームを作り、やり取りするメンバーのメールアドレスを入力すればよい。

Zoomはビジネスチャットツールのような使い方もできる

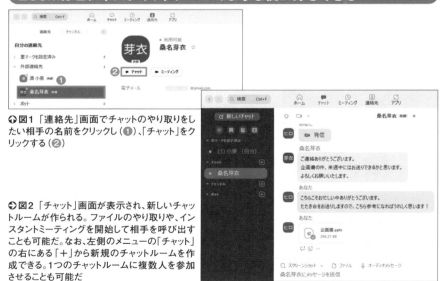

⬆図1 「連絡先」画面でチャットのやり取りをしたい相手の名前をクリックし（❶）、「チャット」をクリックする（❷）

➡図2 「チャット」画面が表示され、新しいチャットルームが作られる。ファイルのやり取りや、インスタントミーティングを開始して相手を呼び出すことも可能だ。なお、左側のメニューの「チャット」の右にある「＋」から新規のチャットルームを作成できる。1つのチャットルームに複数人を参加させることも可能だ

ミーティング中に
ファイルを共有する

ミーティング中にファイルを送る必要が出てきたら、「ミーティング」画面の「チャット」パネルや「チャット」画面でファイルをやり取りできる。急いで確認してほしいデータは、メールで送るよりもリアルタイムでやり取りできるチャットで送信する方が確実だ。

Zoomでは、PDFやOfficeアプリのドキュメントはもちろん、画像や動画などのファイルも送信できる。ファイルサイズは最大512MBまでだ。

ファイルを送信するには、「チャット」パネルでファイルのアイコンをクリックする（**図1**）。あとは目的のファイルを選んで送信しよう。共有されたファイルは、ほかの参加者がダウンロードすることもできる。スマホアプリの場合は「共有」をタップし、保存先とファイルを選択して送信しよう（**図2**）。

チャット上でファイルを共有する

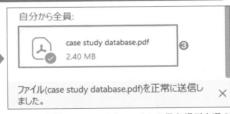

↑図1 「チャット」パネルでファイルのアイコンをクリックして（❶）、メニューからファイルの保存場所を選ぶ（❷）。開く画面でファイルを選択すると、「チャット」パネルにアップロードされる（❸）

←図2 スマホアプリの場合、「共有」をタップし（❶）、ファイルが保存されている場所を選択する（❷）。あとはファイルを選んで送信しよう

4章
便利な機能

Section 04 ホワイトボードでアイデアを見える化する

会議室などに設置されているホワイトボードには、説明したい事柄や会議中に出た意見、アイデアなどを文字や図で「見える化」し、全員で共有するという重要な役割がある。これと同じ機能を持つのが、Zoomの「ホワイトボード」だ。

「画面の共有」をクリックして「ホワイトボード」を選択すると（**図1**）、全員に同じホワイトボードが表示される（**図2**）。ほかの参加者は「コメントを付ける」をクリックすることで、書き込みをスタートできる（**図3**）。フリーハンドでの記入やテキストの挿入、スタンプを押すなどの操作が可能だ（**図4**）。タッチディスプレイとスタイラスペンがあると、実際に書き込む感覚で使える。なお、AndroidとiPadからもホワイトボードを開始できるが、iPhoneからは開始できないので注意しよう（書き込みは可能）。

みんなで自由に書き込める「ホワイトボード」

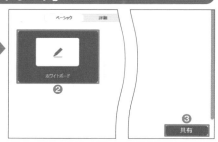

↑↓**図1**「ミーティング」画面のミーティングコントロールで「画面の共有」をクリック（❶）。すると画面やウィンドウの一覧が開くので、「ホワイトボード」を選んで（❷）、「共有」をクリックする（❸）

ミーティングコントロール

注釈ツール

↑**図2** ホワイトボードとともに、ミーティングコントロールと注釈ツールが表示される。この時点では、ホワイトボードを開始した参加者以外は書き込めない

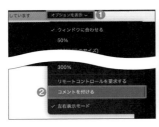

←図3 ホワイトボードが共有されたら、ほかの参加者は画面上部の「オプションを表示」をクリックし（**①**）、「コメントを付ける」を選ぶと（**②**）、ホワイトボードに書き込める（左）。スマホアプリの場合は、左下のペンのアイコンをタップする（右）

「ホワイトボード」の機能

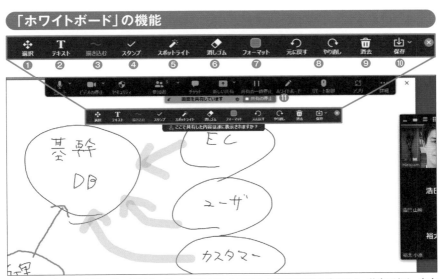

↑↓図4 デバイスを問わず、ビデオミーティング参加者全員でアイデアや意見を書き込み、共有できる。文字や図には書き込んだ人の名前が表示されるので、誰のアイデアなのかも一目瞭然だ

番号	要素名	解説
①	選択	書き込んだ内容を選択して、移動したり削除したりする
②	テキスト	テキストボックスを作成する
③	描き込む	フリーハンドで線を描く
④	スタンプ	スタンプを選択して貼り付ける
⑤	スポットライト	特定の部分を目立たせる
⑥	消しゴム	特定の書き込みをドラッグして消す
⑦	フォーマット	ペンの太さや色、フォントなどを変更できる
⑧	元に戻す／やり直し	直前の操作を元に戻して取り消す／やり直す
⑨	消去	全ての書き込み、あるいは自分の書き込みを全て消去する
⑩	保存	ホワイトボードを画像ファイルとして保存する
⑪	共有の停止	ホワイトボード機能を終了し、「ミーティング」画面に戻る

4章
便利な機能

　余白がなくなったり、別テーマで新たに書き込みをしたくなったりした場合は、新しいホワイトボードを追加すれば、それまでの内容を消すことなく書き込みを続けることができる（**図5**）。

　ホワイトボード機能を終了するには、「共有の停止」をクリックしよう。この操作はホワイトボード機能を開始した人のみが行える。書き込んだ内容はミーティングが続いている間保持されるため、開始した人が再度ホワイトボードを呼び出すことで再表示できる。

　なお、あらかじめミーティングの設定で「ホワイトボードの自動保存」を有効にしておけば、ホワイトボード機能の終了時にミーティング参加者全員のパソコンの「書類」フォルダー内にPNG形式の画像として自動保存される。書き込み途中で保存したい場合は、注釈ツールの「保存」の右にある「∨」をクリックし、PNGまたはPDF形式を選択すると保存可能だ（**図6**）。スマホアプリでは自動保存されないので、「…」→「アルバムに保存」とたどって保存しよう。

次のホワイトボードを作成する

⊝**図5**　ホワイトボードのウィンドウ右下にあるアイコンをクリックするとホワイトボードが追加される

ホワイトボードを保存する

⊙**図6**　Zoomウェブポータルの「設定」画面で、「共有が停止された場合に、ホワイトボードのコンテンツを自動的に保存」にチェックを入れておくと（左）、ホワイトボード終了時に自動保存される。ホワイトボードのその時点での書き込み内容を画像として保存するには、注釈ツールの「保存」の右にある「∨」をクリック。表示されるメニューで「PNG」「PDF」のいずれかの形式を選択し、「保存」をクリックする（右）

グループワークに便利な「ブレイクアウトルーム」

　学校の授業中、生徒同士でグループに分かれて実習などに取り組むという経験をした人は多いだろう。同様に対面の打ち合わせでも、参加者を小グループに分け、より専門性の高い議題について少人数でディスカッションすることがある。このようなケースの打ち合わせをオンライン上で可能にするのが、「ブレイクアウトルーム」だ。ブレイクアウトルームを有効にすると、ミーティングの参加者を複数のグループに分け、それぞれのグループで独立したミーティングを行える（**図1**）。

　なお、ブレイクアウトルームは有料／無料のどちらのユーザーでも利用できる。

小グループを自動作成できる「ブレイクアウトルーム」

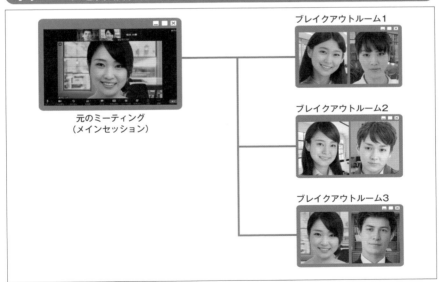

ブレイクアウトルーム1

ブレイクアウトルーム2

ブレイクアウトルーム3

元のミーティング
（メインセッション）

↑図1 ミーティング内の入れ子のようなイメージのブレイクアウトルーム。ホストが現在のミーティングをセッションに分割し、セッションごとに用意されるブレイクアウトルームでミーティングを行う。参加者をグループに分けて細目についての議論を深めたい場合などに利用したい

4章
便利な機能

　ブレイクアウトルームでは、分割された個々のグループを「セッション」、各セッションの参加者が集う仮想的な「場」を「ブレイクアウトルーム」、あるいは「ルーム」と呼ぶ。1つのミーティングで作成できる最大ルーム数は50だ。なお、スマホアプリではブレイクアウトルームへの参加は可能だが、ルームの作成はできない。

　ブレイクアウトルームの機能を利用するには、事前に設定を済ませておく必要がある。初期設定ではブレイクアウトルームは無効になっているので、有効に切り替えておこう。Zoomウェブポータルにサインインし、「設定」画面を表示する（図2）。続いて、「ミーティングにて（詳細）」の「ブレイクアウトルーム」をオンにしよう（図3）。オプションの設定項目として「スケジューリング時にホストが参加者をブレイクアウトルームに割り当てることを許可する」が表示されるが、これにチェックを入れると、ブレイクアウトルームの作成と参加者の割り当てを事前に行えるようになる（図4）。割り当て対象となる参加者は、ホストの「連絡先」に登録済みのユーザーだ。

ブレイクアウトルームを有効にする

 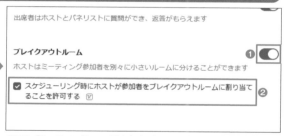

⬆図2 Zoomウェブポータルを表示したら、画面左のメニューにある「設定」をクリックする

⬆図3 「ミーティングにて（詳細）」の欄にある「ブレイクアウトルーム」のスイッチをクリックしてオンにする（❶）。必要に応じて、「スケジューリング時に…」の設定をオンにする（❷）

⬅図4 図3の❷をオンにしている場合、ミーティング予約時にブレイクアウトルームの作成と参加者の割り当てを行うことができる

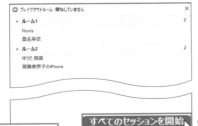

ブレイクアウトルームで活発な意見交換を促す

ミーティング中にブレイクアウトルームを作成するには、「ミーティング」画面の「…」（詳細）から「ブレイクアウトルーム」を選択し、ルームの個数を指定した上で、割り当ての方法を選択しよう（**図1**）。割り当て方は、自動で割り当てる方法、ホストが手動で割り当てる方法、参加者がルームを選ぶ方法から選択できる。

ルームが作成されたら、「すべてのセッションを開始」をクリックすると（**図2**）、各ルームでのミーティングが開始される。なお、この画面の「オプション」であらかじめルームの制限時間を設定しておくこともできる（次ページ**図3**）。制限時間が経過すると、全員が強制的に元のミーティング（メインセッション）に戻される仕組みだ。ダラダラと議論を続けないようにするには、制限を設けておくのがコツだ。

ブレイクアウトルームをスタートする

○図1 ミーティングコントロールで「…」（詳細）をクリックし（❶）、「ブレイクアウトルーム」をクリックする（❷）。作成するルームの個数を指定して（❸）、参加者の各ルームへの割り当て方法を選択し（❹）、「作成」をクリックする（❺）

○図2 「ブレイクアウトルーム」画面が表示される。ルームの内容を確認し、「すべてのセッションを開始」をクリックすると、セッションが開始される。参加者の画面には、入室するようメッセージが表示されるので、「入室」をクリックして入室する

次ページ図3へ

4章

便利な機能

　ルームでのミーティング（セッション）が始まると、ルームに割り当てられた参加者は元のミーティングから一時的に退出し、どのルームにも割り当てられていない参加者と、ルームを作成したミーティングのホストだけが残ることになる。ホストは全ルームの参加者に対してメッセージを送ることができ（**図4**）、参加者を別のルームに割り当て直したり（**図5**）、全てのルームのミーティングに途中参加したりもできる（**図6**、**図7**）。その際、参加者から許可を得る必要はない。

　混乱を避けるため、ホストがルーム間を自由に出入りできることや、時間制限に注意することなどを、ルームの開始前に伝えておくとよいだろう。

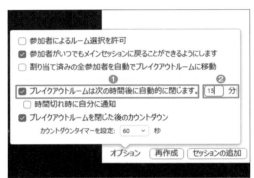

◐**図3** 前ページ図2の「オプション」をクリックすると、このような画面が開く。制限時間を設定するには、「ブレイクアウトルームは次の時間後に自動的に閉じます」にチェックを入れ（**①**）、時間を分単位で指定する（**②**）。なお「参加者によるルーム選択を許可」にチェックを入れると、参加者が自由にルームを移動できるようになる

ホストから全員にメッセージを送る

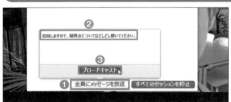

◐**図4** ホストは、参加者全員にメッセージを一斉送信できる。それには「ブレイクアウトルーム」画面で「全員にメッセージを放送」をクリックして（**①**）、テキストを入力し（**②**）、「ブロードキャスト」をクリックする（**③**）

参加者を別のルームに移動させる

◐**図5** ホストは、参加者を別のルームに移動させられる。それには参加者名にマウスポインターを合わせて「移動先」をクリックし（**①**）、変更先のルーム名を選ぶ（**②**）

ブレイクアウトルームでのミーティングを一斉に終了させるには、ホストが「ブレイクア
ウトルーム」画面で「すべてのセッションを停止」をクリックする（**図8**）。この場合、即
時終了になるわけではなく、操作後1分が経過すると終了になる。ただし、ホストが
「ミーティング」画面でミーティング終了の操作をすると、元のミーティング自体が即時
終了する点に注意しよう。

ホストが任意のルームに入る

◆**図6** ホストは、全てのルームのミーティングに自
由に入室できる。「ブレイクアウトルーム」画面で、
目的のルーム名の右に表示されている「参加」を
クリックし（❶）、「はい」をクリックする（❷）

◆**図7** ルームのミーティングに参加すると、ホストの
画面に「現在ブレイクアウトルームに参加していま
す」と表示される（❶）。映像と音声でやり取りできる
のは、通常のミーティングと同じだ。退出するには
「ルームを退出する」をクリックする（❷）

❶メッセージが表示される

❷
ルームを退出する

4章
便利な機能

ブレイクアウトルームを終了する

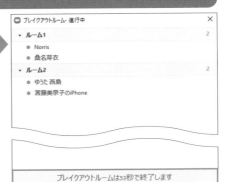

全員にメッセージを放送　すべてのセッションを停止

◆◆**図8** 再び「ブレイクアウトルーム」画面を表示し
「すべてのセッションを停止」（Macでは「すべての
ルームを閉じる」）をクリックすると、「ブレイクアウト
ルーム」画面の下端に残り時間が表示される。これが
「0」になると、全てのルームのミーティングが終了し、
メインセッションに戻される。同じ内容のメッセージ
は、全ての参加者の画面にも表示される

ブレイクアウトルームは53秒で終了します

Section 07 人数が多い場合はブレイクアウトルームを事前登録する

　108ページでも解説した通り、ブレイクアウトルームは事前に作成し、参加者を割り振っておくことができる。手動のほか、CSVファイル読み込みによる一括割り当ても可能だ。ミーティングに多数の参加者がいる場合は特に有効なので、覚えておくよい。

　まずは、事前に参加者のCSVファイルを用意しておこう（**図1**）。1件ごとに、「ルーム名」「メールアドレス」の順でデータを作成しておく必要がある。そしてミーティングをZoomウェブポータルで予約する。下方にあるオプションで「ブレークアウトルーム事前割り当て」にチェックを入れ、「CSVからのインポート」をクリック（**図2**）。CSVファイルをアップロードすれば、簡単に一括割り当てが完了する（**図3**）。

CSVファイルからブレイクアウトルームを作成する

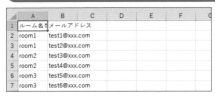

↟**図1** 割り当てるルーム名とメールアドレスを記載したCSVファイルを用意しておくと、1名ずつ割り当てる手間から解放される。一括割り当て時に、各参加者には通知が届くようになっている

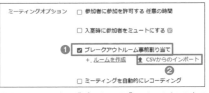

↟**図2** Zoomウェブポータルの「マイアカウント」でミーティングの予約を開始する。「ブレークアウトルーム事前割り当て」にチェックを入れ（❶）、「CSVからのインポート」をクリックする（❷）

↟**図3** CSVファイルをアップロードすると（❶）、自動でブレイクアウトルームが作成され、参加者が割り当てられる（❷）。なお左図上部にある「ダウンロード」をクリックすると、CSVファイルのテンプレートを入手できる

Section 08 チーム内のやり取りに便利な「チャンネル」

組織内で進められているプロジェクト・事業に関する打ち合わせや定例会など、ある程度決まったメンバーでビデオミーティングをする機会が多いなら、ぜひZoomの「チャンネル」機能を利用してほしい。

チャンネルは、Zoomのデスクトップアプリの「連絡先」に登録済みのユーザーをまとめておくための「入れ物」のようなものだ。しかし、その役割は単にユーザーをまとめて整理するだけでなく、チャンネル単位でミーティングに招待したり、チャットでテキストメッセージやファイルをやり取りしたりできる点が大きな特徴となっている。ミーティングやチャットを行う際、わざわざ1人ずつ参加者を招待するという手間から解放されるため、プロジェクトをよりスムーズに進められるようになるはずだ。

チャンネルは、デスクトップアプリの「ホーム」画面で「連絡先」をクリックし、続いて左上の「チャンネル」タブを選ぶと表示される画面で管理する（**図1**）。スマホアプリの場合も同様の手順だ。

4章
便利な機能

決まったメンバーで活動するなら「チャンネル」がお勧め

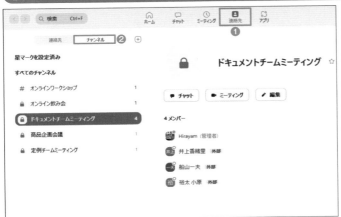

●**図1** チャンネルは、デスクトップアプリの「連絡先」をクリックし（①）、「チャンネル」タブを選ぶと表示される（②）。各チャンネルにメンバーを登録したり、メンバーとのチャットやインスタントミーティングを開始したりすることも可能だ

　チャンネルは複数作成できるので、進行中のプロジェクト、所属している部署や拠点、定例ミーティングの種類などに応じてチャンネルを作成し、それぞれのチャンネルに該当するユーザーを登録しておくのがお勧めだ（**図2**）。もちろん、複数のプロジェクトに関与するようなユーザーがいる場合は、そのユーザーを複数のチャンネルに横断的に登録することもできる。

　チャンネルには「パブリック」と「プライベート」の2種類がある。「パブリック」は有料プランでのみ利用できる機能で、「ユーザー管理」（119ページ参照）で「会社の連絡先」として登録したユーザーなら誰でも参加できるチャンネルだ。これに対し、「プライベート」はチャンネルに登録されているユーザー以外は参加できない。

　パブリックチャンネルでは最大1万人をメンバーにできる。プライベートチャンネルについては、有料アカウントが作成した場合に最大5000人、無料アカウントが作成した場合に最大500人が参加できる。

さまざまなグループごとにチャンネルを作れる

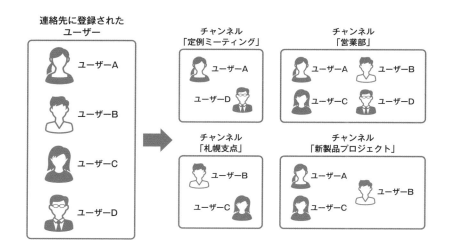

◎図2「連絡先」に登録済みのユーザーは、さまざまなチャンネルに登録できる。チャンネルごとにミーティングへの招待を一斉送信したり、メッセージを同報したりできるのが便利だ

チャンネルを作成して メンバーでやり取りする

グループ内でテキストメッセージをやり取りしたり、インスタントミーティングを行うのに便利な「チャンネル」機能を利用するためには、入れ物となるチャンネルを作り、メンバーを登録する必要がある。

まずはデスクトップアプリの「ホーム」画面で「連絡先」を選び、左上の「チャンネル」タブの右にある「+」をクリックして、「チャンネルを作成」を選ぼう（**図1**）。「チャンネルを作成」画面でチャンネル名やメンバー、チャンネルの形式（パブリックかプライベート）を選択すると登録が完了し（**図2**）、「チャット」画面が表示される。メンバーのZoomアプリにもチャンネルが自動的に作成されるので、チャンネルに追加した旨、ひとこと報告しておくとよいだろう。

チャンネルを作成してメンバーを登録する

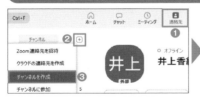

○**図1**「ホーム」画面上端で「連絡先」を選び（①）、「チャンネル」タブの右にある「＋」をクリック（②）。開くメニューで「チャンネルを作成」を選ぶ（③）。なお「チャンネルに参加」から、参加できるパブリックチャンネルを探せる

○**図2**「チャンネルを作成」画面が表示される。チャンネル名を入力し（①）、チャンネルの形式を選択する（②）。「メンバーを追加」には、「連絡先」に登録済みで、このチャンネルに登録したいユーザーの名前を検索して追加しよう（③）。「外部ユーザーを追加できます」にチェックを入れると、外部連絡先に登録したユーザー（62ページ参照）も追加できる（④）。最後に「チャンネルを作成」を押す（⑤）

チャンネルを作成

チャンネル名　①

ドキュメントチームミーティング

Channel Type
- ○ パブリック 組織内の人なら誰でも見つけて参加可能
- ● プライベート 組織内の招待されているメンバーが参加可能　②

プライバシー
- ☑ 外部ユーザーを追加できます　④
  - ● 全チャンネルメンバーによる
  - ○ 組織のメンバーによる

メンバーを追加（オプション）　③

裕太 小原（外部）×　　井上香緒里（外部）×　　船山一夫（外部）×

投稿の許可を管理

⑤
チャンネルを作成　　キャンセル

チャンネルメンバーとチャットでやり取りを行う場合は、「連絡先」画面で「チャンネル」タブをクリックし、画面左からチャットを行いたいチャンネル名をクリックしよう。右側にチャンネルの詳細が表示されたら、「チャット」をクリックすると（**図3**）、そのチャンネルの「チャット」画面に切り替わり、やり取りが可能になる（**図4**）。

「チャンネル」タブの画面では既存のチャンネルにユーザーを追加することもできる。画面左の一覧で目的のチャンネルにマウスポインターを合わせ、「…」をクリックして表示されたメニューから「メンバーを追加」を選んで追加しよう（**図5**）。なお、このメニューからチャンネルを削除することも可能だ。

メンバー間でやり取りを行う

●図3 「ホーム」画面で「連絡先」をクリックし（❶）、「チャンネル」タブを選ぶ（❷）。画面左の一覧で目的のチャンネルを選択し（❸）、画面右に表示されるチャンネルの詳細で「チャット」をクリックする（❹）

●図4 「チャット」画面に切り替わり、チャンネルの登録メンバー全員に対してテキストメッセージを同報できる。入力方法など、使い方は通常のチャット（100ページ参照）と同じだ

●図5 「連絡先」画面の「チャンネル」タブでチャンネルにマウスポインターを合わせ、現れる「…」をクリックする（❶）。表示されるメニューの「メンバーを追加」から、チャンネルのメンバーを追加できる（❷）。同じメニューにある「チャンネルの削除」を選ぶとチャンネルを削除できる

「連絡先」画面の「チャンネル」タブに表示されるチャンネルの詳細から、インスタントミーティングを即時開催することもできる。「ミーティング」をクリックし、確認画面で「はい」をクリックすると、メンバー全員の端末に招待のメッセージが表示される（図6）。

チャンネルからミーティングに招待すると、複数のユーザーが同時に入室することがある。待機室を有効にしている場合、ホストの画面に一瞬しか入室の許可を得る画面が表示されず、許可を得られないユーザーがいつまでも待機状態になってしまう可能性がある。ホストは、招待から一定時間が経過したら「参加者」パネルを表示して、許可待ちのユーザーがいないか確認するように心がけよう（図7）。

インスタントミーティングを開催する

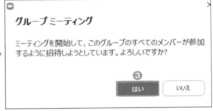

⊕⊖**図6** チャンネルのメンバーでインスタントミーティングを開催するには、「チャンネル」タブでチャンネルを選択し（❶）、「ミーティング」をクリックする（❷）。確認画面が表示されたら「はい」をクリックすると（❸）、メンバー全員に呼び出しがかかる

4章
便利な機能

⊖**図7** 参加許可を取りこぼしているメンバーがいる可能性があるため、一定時間が経過したらホストはミーティングコントロールの「参加者」をクリックし（❶）、待機者がいないか確認しよう（❷）

Section 10

Outlookで Zoomミーティングを予約する

　メールや連絡先、スケジュールなどを一元的に管理できる「Microsoft Outlook」（以降「Outlook」と表記）は、今やビジネスパーソンに必携のアプリといえる。そんなOutlookの画面から、直接Zoomのミーティングについて操作できるようになるのが、「Microsoft Outlook用Zoomプラグイン」だ。このプラグインは、Zoomのダウンロードセンターで無料配布されている（**図1**）。

　プラグインによって追加される機能の中でも特に便利なのが、ミーティングのスケジュール作成機能だ。これでOutlookからZoomデスクトップアプリの機能を呼び出し、そのままミーティングのスケジュールを作成できる。作成したスケジュールはZoomに登録されると同時に、Outlookのカレンダーにも登録される（**図2**）。

Outlook上でZoomを操作できるプラグイン

◆図1「Microsoft Outlook用Zoomプラグイン」は、ダウンロードセンター（https://zoom.us/download/）の「ダウンロード」から無料でダウンロードできる

◆図2 図1で入手したファイルをダブルクリックしてインストールすると、Outlookに「ミーティングをスケジュールする」というボタンが追加される（上）。これをクリックすると、Zoomデスクトップアプリの「ミーティングをスケジューリング」画面が表示され、スケジュールを作成できる（下）。作成したスケジュールは、Outlookのカレンダーにも反映される

メンバーを一括管理する「ユーザー管理」

　会社や部署といった特定のグループの中で、1人のユーザーが代表となり、ほかのユーザーに対してライセンスの付与、権限の変更、設定の一括変更などをできるようにするのが「ユーザー管理」という機能だ。一般的なZoomの使い方をしている限りあまり触れることのない機能だが、部署内でライセンスを使い回す、パソコンやZoomの操作に不慣れなユーザーの利用を制限して誤操作によるトラブルを防ぐといった場合には、ユーザー管理を利用するとよい。この機能は、有料プランを契約しているか、Zoomウェブポータルでクレジットカードによる本人確認を済ませている無料プランのアカウントが利用できる。

　ユーザー管理では、代表者となる1人のユーザーが「オーナー（アカウントオーナー）」となり、そのアカウントにほかのユーザーが所属する形になる。ユーザー管理の機能でユーザーを登録すると、「連絡先」画面の「連絡先」タブに表示される「会社の連絡先」に、そのユーザーが追加される（**図1**）。62ページの「外部連絡先」のユーザーとは区別されるが、チャットやミーティングへの招待は、どちらのユーザーに対しても同様にできる。

4章
便利な機能

ユーザーを一括で管理できる

⊖**図1　ユーザー管理の対象として登録されたユーザーは、「連絡先」画面で「会社の連絡先」として分類され、「外部連絡先」とは区別される**

「ユーザー管理」では、基本的に複数ユーザーを管理することが多い。事前にCSVファイルを用意し、ユーザーを一括登録すると手間が少ない（**図2～図4**）。

　登録するユーザーのタイプは、「基本」「ライセンス済み」「オンプレミス」の3種類があり、それぞれミーティングの規模やミーティングホストになったときの制限時間などが異なる。「基本」は無料ユーザーで、最大100人が参加するミーティングを主催できるが、3人以上のミーティングには最大40分の時間制限がある。「ライセンス済み」ユーザーには購入した有料ライセンスを割り当てることができ、最大100人参加のミーティング主催、クラウド保存、オプション購入などが可能。「オンプレミス」は、オンプレミス型のミーティングを開催する特別な権利を持ったユーザーだ。

ユーザーを登録する

↥図2 複数のユーザーを管理対象として一括登録する場合は、事前に各ユーザーの氏名とメールアドレス、部署名などを記載したCSVファイル（カンマ区切り）を用意しておく。最大9999人までの一括登録が可能だ

↥図3 Zoomウェブポータルの左側のメニューで「ユーザー管理」→「ユーザー」とクリックして「ユーザー」画面を表示する（❶❷）。続いて「インポートする」をクリックする（❸）。個別に登録する場合はこの画面の「ユーザーを追加する」から登録可能だ

↤図4 登録するユーザーのタイプなどを設定し（❶）、「CSVファイルをアップロードする」をクリックして（❷）、CSVファイルをアップロードする。直後に各ユーザーに招待のメールが届き、ユーザーが承諾すると登録完了となる。なお、「Download CSV Sample」からCSVファイルのサンプルデータをダウンロードできる

管理下にあるユーザーのアカウントにはそれぞれにロール（役割）があり、「オーナー」「管理者」「メンバー」の3種類に分けられる。「オーナー」はユーザーの権限を変更したり、有料ライセンスの割り当てをしたりなど全ての権限を持っている。「管理者」は、ユーザーの追加や削除、編集などの管理権限を持っているが、費用に関する設定はできない。「メンバー」は、一切の管理権限を持たない。

　アカウントのロールや左ページで解説したユーザーのタイプは、後から変更できる（**図5**）。また管理対象のアカウント全体の設定については、「アカウント管理」→「アカウント設定」から変更可能だ（**図6**）。ユーザーが勝手に変更できないよう、設定にロックをかけることもできる。

　さらに、ユーザーごとにグループを作成し、グループ単位で設定を変更することもできる（有料アカウントのみ利用可能）。グループは「ユーザー管理」の「グループ管理」から作成・設定が可能だ。

アカウントのロールやタイプを変更する

◆**図5**「ユーザー」画面で権限を変更したいユーザーの「編集」をクリックする。ユーザーのタイプやロール（役割）、そのほかの属性などを変更できる。なお「オーナー」になれるのは1アカウントのみ。オーナー権限を委譲する場合は、Zoomウェブポータルの「アカウント管理」→「アカウントプロフィール」にある「オーナーを変更する」から変更できる

管理対象全体の設定を変更する

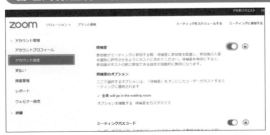

◆**図6** Zoomウェブポータルの「アカウント管理」→「アカウント設定」で設定した内容は、管理下にあるユーザーのアカウント全てに適用される。なお「ユーザー管理」→「グループ管理」で設定した内容は、そのグループだけに適用される

ウェビナーの開催

開催場所や時間の制限もなく、
オンラインで手軽に開催できる
セミナーが「ウェビナー」だ。
Zoomの「ウェビナー」機能は、
参加者の事前登録から、登壇者とのリハーサル、
終了後のアンケートやオンデマンド配信まで、
開催に必要な機能を網羅している。
社内研修や会社説明会など、
さまざまなシーンで活躍することだろう。

Zoom

Section 01

研修やセミナーに欠かせない「ウェビナー」機能とは

　昨今、オンライン（ウェブ）上でセミナーを行う「ウェビナー」が注目されている。Zoomでも「ミーティング」機能だけでなく、研修やセミナーを行うのに特化した「ウェビナー」機能を用意している。通常セミナーを行う場合は、会場を手配したり、専用の機材をセッティングしたり、当日集まった参加者を案内したりなどさまざまな工数がかかるが、Zoomのウェビナー機能を使えば、それらが不要になる（**図1**、**図2**）。

　ウェビナーは「ミーティング」と違い、司会者の役割を果たす「ホスト」、登壇する「パネリスト」、視聴する「参加者」という役割分担がある（**図3**）。

　ホストはウェビナーの主催者である。スケジュールを設定したり、パネリストや参加者を招待したり、ウェビナーの開始や終了などの進行管理を担ったりする。基本的には1人だが、ホストの権限の一部を付与する「共同ホスト」を設定すれば、複数人で進行することも可能だ。

　パネリストはセミナーにおける登壇者の立場で、ホストからパネリストとして招待される必要がある。参加者リストの確認、画面の共有など、参加者にはないさまざまな権限が付与される。パネリストは必須ではなく、ホストが兼任してもよい。

「ウェブ」＋「セミナー」＝「ウェビナー」

●**図1**「ウェビナー」機能を利用することで、対面式の研修やセミナーに必要だった多くの工数を削減できる。セミナー専門の業者に頼む必要もなく、自分たちで予約から開催、さらには開催後のアンケートまで実施できるのが強みだ

参加者は基本的に視聴のみという立場であり、参加者同士は互いの顔や名前もわからない。ただし、チャットや質疑応答（Q&A）、投票機能などを使って意思表示をすることは可能だ。

「ミーティング」と「ウェビナー」の主な違い

	ミーティング	ウェビナー
最大参加者	100～1000人	100～1万人
参加者の事前登録	なし	設定可能
リマインダー	×	○
質疑応答（Q&A）	×	○
実践セッション	×	○
オンデマンド配信	×	○
画面共有	○	○
録画・録音	○	○
投票	○	○
アンケート	○	○
待機室	○	×
ブレイクアウトルーム	○	×

●図2 いわゆるビデオ会議の「ミーティング」とセミナー形式の「ウェビナー」では、参加可能な人数も、できることも異なる。ウェビナーの参加者はお互いの顔や名前を見ることはできないが、チャットや質疑応答はできる

ホスト、パネリスト、参加者のそれぞれができること

 ホスト

 パネリスト

 参加者

- ・ウェビナーの予約
- ・共同ホストやパネリストの選出
- ・招待メール、リマインドメールの送付
- ・参加者リストの確認
- ・ウェビナーの開始と終了
- ・自分の音声および映像のオン／オフ
- ・参加者のミュート設定
- ・チャット
- ・質疑応答（回答）
- ・画面共有
- ・録画・録音
- ・投票の開催
- ・ライブ配信

- ・参加者リストの確認
- ・自分の音声および映像のオン／オフ
- ・チャット
- ・質疑応答（回答）
- ・画面共有
- ・録画・録音

- ・チャット
- ・投票
- ・質疑応答（質問）

5章
ウェビナーの開催

●図3　ウェビナーではホスト、パネリスト、参加者という立場が明確に分かれており、それぞれで実行できる内容も異なる。「共同ホスト」はウェビナー中に設定でき、参加者を管理する権限は付与されているが、投票やライブ配信の開始、ウェビナーの終了などはできない

　ホスト、パネリスト、参加者それぞれのワークフローについて確認しよう。**図4**は、参加者の事前登録が必要な場合の流れだ。

　見てもらえばわかる通り、ウェビナーは実際のセミナーさながらのフローがオンライン上で完結する。ただし有料アカウントを契約しただけでは利用できず、追加でオプションを購入する必要がある。オプションの購入はZoomウェブポータルから可能だ。「プランと価格」をクリックし、「Zoom Events&ウェビナー」ページで「今すぐ購入」から購入しよう（**図5**）。価格は、最大参加人数によって異なる。

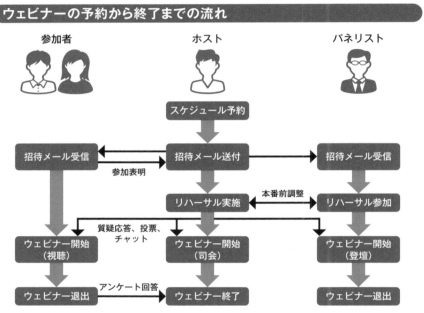

ウェビナーの予約から終了までの流れ

⬆**図4** ホストが中心となり、ウェビナーのスケジュール予約から、招待メール送付、リハーサル、ウェビナー開始／終了まで実施する。リマインダーやアンケート送付など、セミナーや研修に役立つ機能が利用できる

⬅**図5** Zoomウェブポータルの「プランと価格」をクリックし、「Zoom Events&ウェビナー」をクリック。「ビデオウェビナー」の「今すぐ購入」をクリックして決済しよう。料金は、最大参加者500人までが1万700円／月、1000人までが4万5700円／月、3000人までが13万3100円／月、5000人までが33万4700円／月、1万人までが87万2300円／月だ

Section 02 新しいウェビナーを 予約・編集する

ウェビナーの開催が決まったら、何はともあれスケジュールを予約しよう。予約は、有料オプションを購入したホストとなるアカウントのみが可能な作業だ。

ホストはZoomウェブポータルにサインインし、「ウェビナー」画面を表示して「ウェビナーをスケジュールする」をクリックする（**図1**）。ウェビナー名や開催日時などの基本項目を設定したら、事前登録の有無、開始時のビデオのオン／オフなどを設定しよう（**図2**、**図3**）。最後に質疑応答や実践セッションの有無などを設定すれば（次ページ**図4**）、スケジュール予約は完了だ。

新規のウェビナーを予約する

●**図1** ホストがZoomウェブポータルにサインインし、左側の「ウェビナー」をクリックする（❶）。「ウェビナー」画面が表示されたら、「ウェビナーをスケジュールする」をクリックする（❷）

↑**図3** 「登録」を必須にしないと、参加用リンクを知っている人なら誰でも参加できるようになる（つまり参加者情報の統計は取れなくなる）。パネリストのビデオをオフにすると、パネリスト側で自分のカメラのオン／オフができなくなるため、オンにすることをお勧めする

↑**図2** ウェビナーの新規作成画面が表示される。ウェビナー名、ウェビナーの説明文、開催日時などを入力する

5章

ウェビナーの開催

　予約したウェビナーの内容を修正したいこともあるだろう。その場合、「ウェビナー」画面で修正したいウェビナー名にマウスポインターを合わせ、右側に表示された「編集」をクリックすると、「ウェビナーを編集」画面が表示され、内容を修正できる（図5）。
　なお一度設定したウェビナーは、テンプレートとして保存できる（図6）。保存した内容は、「ウェビナー」画面の「ウェビナーテンプレート」から呼び出せる。

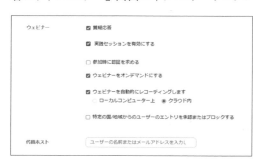

●図4 「質疑応答」にチェックを付けると、参加者からの質問を受け付けられる。「実践セッション」はリハーサル機能のことで、ミーティングにおける「待機室」のような役割も持つ（65ページ図4、図5参照）。「代替ホスト」は、ホストが参加できなくなったときにホストとしての役割を持つ人のことだ。ウェビナー中に設定できる「共同ホスト」とほぼ同等のポジションだが、さらにウェビナーを開始する権限も保持する

予約したウェビナーの内容を修正する

●図5 Zoomウェブポータルで「ウェビナー」画面を表示し、ウェビナー名にマウスポインターを合わせると表示される「編集」ボタンをクリック（❶～❸）。「ウェビナーを編集」画面が表示されたら、内容を修正する（❹）

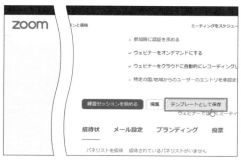

●図6 定期的に同様のウェビナーを開催するなら、入力した内容をテンプレートとして保存しておこう。「ウェビナー」画面でウェビナー名をクリックすると「ウェビナーの管理」画面が表示される。ここで「テンプレートとして保存」をクリックすると、パネリスト・代替ホスト・開催日時以外がテンプレートとして保存される。なお予約時に「定期的なウェビナー」にチェックを入れておけば、定期開催にもできる

Section 03 参加者が申し込むための 事前登録ページを作る

　127ページ図3で参加者の「登録」を「必須」にした場合、参加者は事前に登録作業を行うことになる。ホストから届いた招待リンクをクリックするとウェブブラウザーで事前登録ページが表示され、必要事項を入力して、登録を行うという流れだ。

　事前登録ページの「必要事項」については、ホスト側で細かく設定できる。入力した内容をまとめたデータは後でホスト側がダウンロードできるので、取得したい参加者情報を設定しておくとよい。設定は「ウェビナー」画面でウェビナー名をクリックすると表示される「ウェビナーの管理」画面で行う（**図1**）。なお、事前登録した参加者の承認方法については、「自動承認」と「手動承認」の2種類がある（**図2**）。ホストが承認した参加者のみでウェビナーを開催したいなら、「手動承認」に設定しよう。

事前登録ページの設定を行う

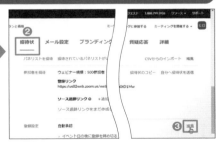

↑◑◐**図1** Zoomウェブポータルで「ウェビナー」画面を開き、事前登録ページを作成したいウェビナー名をクリック（**❶**）。「ウェビナーの管理」画面が表示されたら下にスクロールし、「招待状」タブをクリックして（**❷**）、「登録設定」の「編集」をクリックする（**❸**）

◑**図2** 「登録」画面が表示されるので、「登録」タブをクリックして基本事項を設定する。承認を「自動承認」にすると、ホストの承認なしに参加者として登録され、「手動承認」にすると、ホストが承認しない限り参加者は登録されない。なおこの画面にある「トラッキングピクセル」は、事前登録ページを開いた人数や実際に登録した人数などを記録する追跡機能だ。追跡サービスのURLを貼り付けることで記録できる（登録は任意）

　「登録」タブで基本事項を設定したら「質問」タブをクリックし、住所や役職など、参加者が入力する「必要事項」を設定しよう（**図3**）。それぞれ入力の必須／任意も設定できるが、名前とメールアドレスは常に必須となる。

　「カスタムの質問」タブでは、オリジナルの質問を設定することもできる（**図4、図5**）。事前に回答してもらうことで、ウェビナー後の分析に使うだけでなく、ウェビナーの場で統計結果を発表して議題にするといったことも可能だ。

　一方で、欲張って質問を多く設定すると登録時の手間が増え、登録の意欲をそいでしまう可能性もある。必要最低限の質問にとどめるよう心がけよう。

必要事項を設定する

⊙**図3**「質問」タブをクリックし（**❶**）、登録時に必要な項目にチェックを入れる（**❷**）。入力を必須にしたい項目は、右側の「必須」にチェックを入れよう（**❸**）

⬆**図4** オリジナルの質問を入れたいなら、「カスタムの質問」タブをクリックし（**❶**）、「新しい質問」をクリックする（**❷**）

⊙**図5** 質問や回答の選択肢を入力する。質問は複数設定できるが、参加者の負担にならないよう最低限の数にしたい。「更新」→「全て保存」をクリックすると、ここまでの入力内容が全て保存される

Section 04 訴求効果のある 事前登録ページを作成する

事前登録ページは、ウェビナーに興味を持った参加者が最初に目にするページになるため、参加を促すために重要な役割を担う。事前登録ページにバナーやロゴなどを設定することで、ウェビナーの内容を想像しやすくしたり、会社のブランドを強く印象付けたりできるので、工夫してみてもよいだろう。

事前登録ページのデザインは、「ウェビナーの管理」画面の「ブランディング」タブから行う（**図1**）。パネリストの情報やテーマカラーも設定可能だ（**図2**）。なお、事前登録ページはウェビナーごとに作成できるほか、テンプレートの作成もできる。テンプレートは、Zoomウェブポータルの「設定」画面にある「ウェビナー設定」から作成できる。

事前登録ページを見栄え良く、わかりやすくデザイン

○○図1 目的のウェビナーについて「ウェビナーの管理」画面を表示する。「ブランディング」タブをクリックして（**①**）、セミナー名やバナー、ロゴを設定する（**②**）。バナーは1280×1280ピクセル、ロゴは600×600ピクセルまで設定可能だ

○図2 必要ならパネリストの情報、ページのテーマカラー、参加後のURLも設定しよう。パネリストの画像は最大400×400ピクセルまで設定可能だ。「参加後のURL」とは、参加者が参加用のリンクをクリックした際に表示されるZoom起動用のウェブページをどうするかの設定。参加者が開いたままにしておくと、指定したURLに10分後にリダイレクト（転送）される。自社のホームページなど、リダイレクトさせたいページがあれば設定しておこう

Section
05

講師役となるパネリストを招待する

　ウェビナーでは、招待メールやリマインダーメール、フォローアップメールなど、さまざまなメールを送信できる。スケジュール予約が終わったら、さっそくパネリストを招待しよう。

　まずは「メール設定」タブで、パネリストへの招待メールを有効にしておく（**図1**）。なおこの画面では招待メールのほか、リマインダーメールなどの送信設定もできる。

　続いて「招待状」タブで、パネリストの名前とメールアドレスを登録しよう（**図2**）。登録と同時に、自動でパネリストに招待メールが送られる。パネリストは事前登録の必要がないので、招待メールに参加用のリンクが記載されている。なおパネリストの人数が多い場合は、「CSVからのインポート」からパネリストの情報が記載されたCSVファイルを読み込めば、一度に登録することも可能だ。

まずはパネリストの招待から

↑図1 パネリストを招待したいウェビナーについて「ウェビナーの管理」画面を表示する。「メール設定」タブをクリックし（①）、「パネリストへの招待メール」にある「編集」をクリックして（②）、次の画面で「パネリストに招待メールを送信」にチェックを入れておく

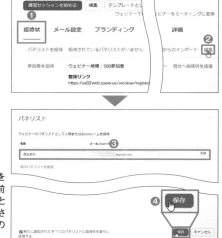

◆図2「招待状」タブをクリックし（①）、「パネリストを招待」の「編集」をクリックする（②）。パネリストの名前とメールアドレスを入力し（③）、「保存」をクリックすると（④）、メールが自動送信される。ただし「新たに追加されたすべてのパネリストに招待状を直ちに送信する」のチェックを外しておけば、メールは自動送信されない

ウェビナーの参加者を
メールで招待する

　社内研修や特定の人だけが参加するセミナーなど、すでに招待する参加者が決まっている場合は、その人に招待メールを送ろう。参加者への招待メールは、普段利用しているメールアプリからの送付になる。「ウェビナーの管理」画面にある「招待状」タブからテンプレートをコピーし（**図1**）、それを任意のメールアプリの新規メール作成画面に貼り付け、送信先を設定して送ろう（**図2**）。

　なお招待状のほか、設定したタイミングで自動送付されるリマインダーメールやフォローアップメールなどのテンプレートは、Zoomウェブポータルの「アカウント管理」→「ウェビナー設定」から変更できる。メールは書式付きのHTMLメールなので、編集にはHTMLの知識が必要になる。

招待状をコピーしてメールを送信する

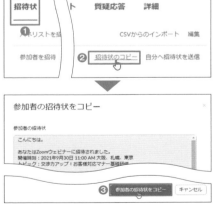

⊕**図1** 招待状を送りたいウェビナーについて「ウェビナーの管理」画面を表示する。「招待状」タブをクリックし（❶）、「招待状のコピー」をクリックする（❷）。メールのテンプレートが表示されるので、「参加者の招待状をコピー」をクリックしてコピーする（❸）

⊕**図2** メールアプリを立ち上げてメールを新規作成し、コピーした内容を本文に貼り付ける。タイトルや送信先のアドレスを設定し、必要に応じて文章の追加・変更などを行い、参加者に送付しよう

5章

ウェビナーの開催

　事前登録が必要なウェビナーで、承認を「自動承認」に設定していた場合、参加者は登録が終われば自動的に参加となる。一方、「手動承認」にしていた場合は、一度ホスト側での承認が必要だ。参加者が招待メールから事前登録すると、「ウェビナーの管理」画面の「招待状」タブに「承認待ち」として登録されるので（**図3**）、内容を確認して承認または拒否しよう。承認すると、参加者には参加用リンクが記載された確認メールが送付される。

　事前登録を不要にしている場合は、ウェブサイトやSNSなどで告知しよう。「招待状」タブに参加用リンクが表示されるので、これを各媒体に貼り付けて使う（**図4**）。

参加者が申し込んできたら承認する

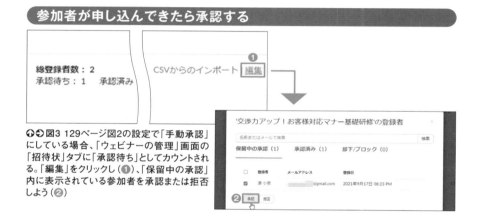

⬆➡**図3** 129ページ図2の設定で「手動承認」にしている場合、「ウェビナーの管理」画面の「招待状」タブに「承認待ち」としてカウントされる。「編集」をクリックし（**1**）、「保留中の承認」内に表示されている参加者を承認または拒否しよう（**2**）

事前登録を不要にしていた場合の告知方法

⬆➡**図4** 同じく「招待状」タブの「ウェビナーに参加するためのリンク」にマウスポインターを合わせると表示される「リンクをコピー」アイコンをクリックするとリンクをコピーできる（**1**）。ウェブサイトやSNSなどに貼り付けて告知しよう（**2**）

参加者は基本的に自分で事前登録を行うが、CSVファイルを使って複数人の参加者を一気に登録することも可能だ（**図5**、**図6**）。CSVファイルは、1行（1件）につきメールアドレス、名、姓の順で入力しておく。なお、CSVファイルは文字コードによっては文字化けしてしまう可能性がある。文字コードは「UTF-8」に設定して保存しよう。1ファイルで読み込めるユーザーは最大で9999人分だ。

参加者を一括登録する

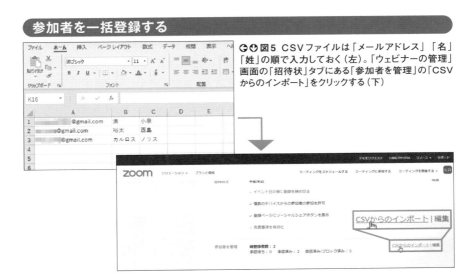

○○**図5** CSVファイルは「メールアドレス」「名」「姓」の順で入力しておく（左）。「ウェビナーの管理」画面の「招待状」タブにある「参加者を管理」の「CSVからのインポート」をクリックする（下）

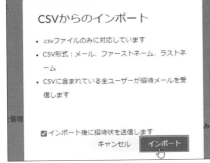

○○**図6**「インポート」をクリックして、CSVファイルを選択すると、「承認済み」に一括登録される。この場合、参加者には招待メールではなく、参加用リンクが記載された確認メールが送付される

Section 07 ウェビナーに招待されたら？事前登録と参加の手順

　ホストから登録制のウェビナーに招待されたら、招待メールの事前登録リンクをクリックし、事前登録という形で参加を表明しよう（**図1**）。事前登録を行う際は、ホスト側が設定した必要事項を入力する必要がある。登録後は、ホストが「自動承認」に設定していれば、参加用リンクの記載された確認メールが自動で届く（**図2**）。「手動承認」であれば一旦保留状態となり、ホスト承認後に確認メールが到着する（**図3**）。もちろんスマホの場合も、同じように登録可能だ。

　ウェビナーは、事前登録ページや確認メールからGoogleカレンダーなどへの登録もできる。必要に応じ、普段使っているアプリやサービスに登録しておくとよいだろう。

　パネリストの場合は特に事前登録は必要なく、招待メールに参加用リンクが記載されている（**図4**）。

必要事項を入力して事前登録する

◆◇図1 届いた招待メールのリンクをクリックすると（**①**）、事前登録ページが表示される。必要事項を入力し（**②**）、最後に「登録」をクリックする

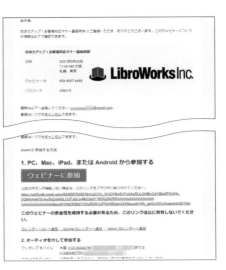

◆◆図2 自動承認であれば「登録完了」が表示され（上）、確認メールが届く。実際に参加する際は、確認メールの「ウェビナーに参加」をクリックする（右）

◆図3 手動承認の場合は、「保留中」と表示される。承認されれば（134ページ図3参照）、確認メールが届く

パネリストは事前登録不要

◆図4 パネリストは事前登録などは必要なく、招待メールのみ送られてくる。「ここをクリックして参加」をクリックすると参加できる

Zoom

Section 08 参加者に意見を聞くための投票画面を準備する

　ウェビナーの特徴の1つとして、開催中に投票イベントを行えるという点が挙げられる。特定の質問や議題に対してリアルタイムに回答してもらい、投票結果を集計してパネリストや参加者と共有すれば、ただ視聴するだけではない、インタラクティブなウェビナーが実現する。

　投票の質問内容はウェビナー中に作成することもできるが、事前に設定しておくと進行もスムーズになる。「ウェビナーの管理」画面から、質問内容や回答の種類、選択肢などを入力して登録しよう（**図1**、**図2**）。質問内容は1つだけでなく、複数作成することも可能だ。回答のタイプは、選択肢の中から1つだけ選択する「単一選択」、または複数選択できる「複数選択」から設定できる。

投票用の質問を作成する

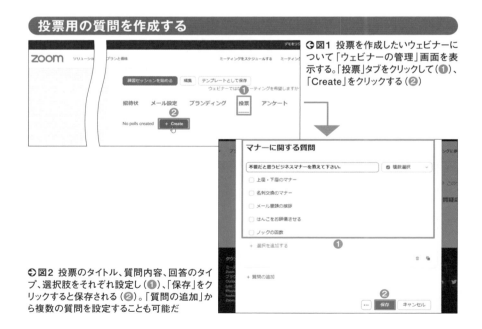

◆**図1** 投票を作成したいウェビナーについて「ウェビナーの管理」画面を表示する。「投票」タブをクリックして（❶）、「Create」をクリックする（❷）

◆**図2** 投票のタイトル、質問内容、回答のタイプ、選択肢をそれぞれ設定し（❶）、「保存」をクリックすると保存される（❷）。「質問の追加」から複数の質問を設定することも可能だ

終了後に回答してもらう アンケートを作成する

ウェビナーは開催中に行う投票のほか、終了後に参加者へのアンケートを実施できる。会場を借りて行うセミナーと同様、アンケートを回収・集計して、次回のウェビナーに生かせるというわけだ。結果はCSVファイルでダウンロードでき、集計の手間もないので、ぜひ設定しておきたい。なお、アンケートは記名または匿名に設定できるが、匿名にするとより率直な意見を書いてもらいやすくなるだろう。

アンケートの内容の設定は、「ウェビナーの管理」画面の「アンケート」タブにある「新規アンケートを作成」から行う（**図1**）。アンケートの質問内容も、投票と同様に複数設定することが可能だ。回答のタイプも、「単一選択」「複数選択」のほか、1〜5などの尺度から合うものを選ぶ「レーティングスケール」、文章で回答できる「長い回答」を、質問ごとに設定できる。

アンケートは、ウェビナーの終了時にウェブブラウザーで自動表示するか、フォローアップメールにリンクを貼り付けるかを選択できる（次ページ**図2**）。なお、Googleフォームなど外部のツールを使って作成したアンケートを登録することも可能だ（**図3**）。

アンケート用の質問を作成する

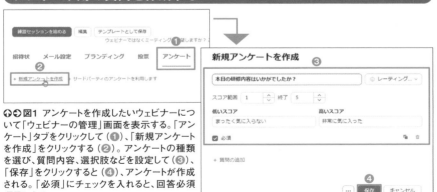

○○図1 アンケートを作成したいウェビナーについて「ウェビナーの管理」画面を表示する。「アンケート」タブをクリックして（①）、「新規アンケートを作成」をクリックする（②）。アンケートの種類を選び、質問内容、選択肢などを設定して（③）、「保存」をクリックすると（④）、アンケートが作成される。「必須」にチェックを入れると、回答必須項目になる

5章

ウェビナーの開催

　開催中に参加者からの質問を受け付ける「質疑応答（Q&A）」機能についても設定しておこう。投票やアンケートと同様、「ウェビナーの管理」画面で設定が可能だ（**図4**）。ここでは、匿名での質問を許可するか、また参加者にどの範囲まで質問を公開するかを設定する。

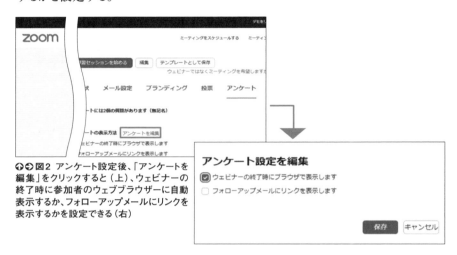

◐◑図2 アンケート設定後、「アンケートを編集」をクリックすると（上）、ウェビナーの終了時に参加者のウェブブラウザーに自動表示するか、フォローアップメールにリンクを表示するかを設定できる（右）

◐図3 図1左で「サードパーティのアンケートを利用します」をクリックすると、Googleフォームなど外部ツールで作成したアンケートを登録することも可能だ

質疑応答（Q&A）について設定する

◐図4「ウェビナーの管理」画面で「質疑応答」タブをクリックする（❶）。匿名での質問および質問の閲覧範囲を設定したら、「保存」をクリックすると設定が保存される（❷）

Section 10 ホストとパネリストだけで 事前にリハーサルをする

ウェビナーの予約時に「実践セッション」を有効にしている場合、事前のリハーサルが可能だ。これは予約時から本番直前まで利用できる機能で、基本的にホスト、代替ホスト、パネリストのみが参加できる。実践セッション中、参加者は入室できないので、ウェビナーの開催直前に始めることで「ミーティング」における待機室（65ページ図4、図5参照）のような役割も持つ。パネリストには、ウェビナーの招待メールを送付するのとは別に、実践セッションの日程も相談しておこう。

実践セッションは、「ウェビナーの管理」画面の「練習セッションを始める」からスタートできる（**図1**）。本番さながらの操作ができるので、代替ホストやパネリストと、当日の進行についてしっかりすり合わせておこう。

パネリストと入念にリハーサルしよう

⬆➡図1 「ウェビナーの管理」画面の「練習セッションを始める」をクリックして（❶）、実践セッションを開始すると、画像の上部に「実践セッションに参加しています」と表示される（❷）。なお、デスクトップアプリの「ミーティング」をクリックし、始めたいウェビナー名の「開始」をクリックしても同様に開始できる。基本的に参加者は参加できないが、ホストがミーティングコントロールの「参加者」の右にある「∧」を押し、「招待」を選ぶことで招待できる。参加者役を呼んで手伝ってもらうのもよいだろう

Section 11 予約していたウェビナーを開始する

　いよいよ、ウェビナー開催の当日。ホストは回線確認も兼ね、開催時刻より少し前にウェビナーを開始しよう。実践セッションを有効にしているなら、開始時刻までパネリストと最終調整を行いながら待つのもよい。無効にしている場合は、右ページの「しばらくお待ちください」画面を表示させておくのもお勧めだ。

　ここでは、デスクトップアプリから開始する方法を解説する。もちろん、Zoomウェブポータルの「ウェビナー」画面からも開始可能だ。実践セッションを有効にしている場合、まずは実践セッションが始まるが、「ウェビナーを開始」をクリックすれば本番がスタートする（**図1**）。

デスクトップアプリからウェビナーを開始する

↑↑図1 デスクトップアプリで「ミーティング」をクリックし（①）、開始するウェビナーを選択する（②）。「開始」をクリックし（③）、「ミーティング」画面を開こう。パネリストが入室し、最終調整が終わったら、「ウェビナーを開始」をクリックする（④）。開く確認画面で「開始」をクリックすると（⑤）、ウェビナーが開始される

Section

12

ウェビナーが始まるまで
待機画面を表示しておく

　YouTubeなどでライブ配信を視聴する際、開始時刻になるまで「しばらくお待ちください」という画面が表示されているのを見たことはないだろうか。これをZoomのウェビナーでも表示させれば、ホスト側は開始時刻までビデオをオフにして準備を続けることができる。また、開始時刻より前に入室した参加者が、ホストやパネリストの顔を見続けながら待機する必要もなくなるので、双方にメリットがある。

　この「しばらくお待ちください」画面は、PowerPointや画像ファイルなど、何で作っても構わない。あらかじめパソコン上で開いておき、「画面の共有」から表示する（**図1**）。開始時刻になったら共有を停止し（**図2**）、ビデオを再開してウェビナーを始めよう。

PowerPointのスライドを画面共有する

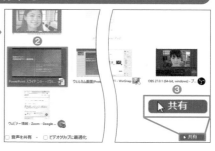

◐⊘図1 PowerPointなどで作成した「しばらくお待ちください」画面のファイルをあらかじめ開いておき、「ミーティング」画面の「画面の共有」をクリック（**①**）。共有する画面を選択して（**②**）、「共有」をクリックすると（**③**）、「しばらくお待ちください」画面が表示される。このとき、ホストやパネリストのビデオは停止しておこう

⊘図2 最低限、セミナー名と開始時刻、「しばらくお待ちください」という文言を入れておくと、待機している参加者にもわかりやすくなる。ウェビナー開始時刻になったら「共有の停止」をクリックし、ホストとパネリストのビデオを再開して、ウェビナーを開始しよう

5章

ウェビナーの開催

Section 13 「参加者」として ウェビナーに参加する

参加者としてウェビナーに参加する方法を見ていこう。確認メールが届いている場合、パソコンでメール内の「ウェビナーに参加」というリンクをクリックすると、デスクトップアプリが起動する（**図1**）。スマホからも同様の方法で参加可能だ（**図2**）。

参加者にはビデオ配信機能がなく、画面には常にホストまたはパネリストが表示される。基本的にチャットや投票、質問、挙手といったアクションのみ（ホストが許可すれば音声配信も可能）が許されているので、画面構成もシンプルだ。

ウェビナーへの参加は確認メールから

↑図1 確認メールにある「ウェビナーに参加」のリンクをクリックすると、ウェブブラウザーでデスクトップアプリの起動を促す画面が表示される。「ミーティング」の場合と同様、メッセージに従ってデスクトップアプリを起動しよう。「ブラウザから参加する」を選べばウェブブラウザー版での参加も可能だ

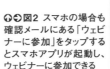

↑→図2 スマホの場合も確認メールにある「ウェビナーに参加」をタップするとスマホアプリが起動し、ウェビナーに参加できる

登壇しているパネリストに
スポットライトを当てる

　ウェビナーの画面構成は「ミーティング」と似ており、映像のレイアウトも「ギャラリービュー」「スピーカービュー」などミーティングと同じような表示が可能だ。ただ、基本的にはパネリストに注目してもらうことが多いので、パネリストの映像を大きく固定するとよいだろう。パネリストが複数いる場合、この固定表示を次々に切り替えることで、テレビのような画面展開が実現する。

　ミーティングコントロールの「参加者」をクリックすると、ウェビナーに参加している人が「パネリスト」と「視聴者」に分かれて表示される。固定したいパネリストにマウスポインターを合わせ、「詳細」をクリックして「全員のスポットライト」を選ぶと、全員の画面でパネリストが大きく固定表示される（図1、図2）。スポットライト設定はホストにしかできないが、スポットライトを解除することはパネリスト側でも可能だ。

パネリストの映像を全員の画面に固定する

⬆図1 「参加者」をクリックすると（❶）、「参加者」パネルが表示され、ホスト、パネリスト、参加者の名前と状態を確認できる。スポットライトを設定したい人にマウスポインターを合わせ、「詳細」をクリックする（❷）

⬆➡図2 「全員のスポットライト」をクリックする（❶）と、スポットライトされた人物の映像が全員の画面で大きく表示される。解除するには「スポットライトを削除」をクリックする（❷）

Section 15 参加者の操作が不要なときは ホストの画面を共有する

　ホストは、参加者の画面に表示される映像のレイアウトをコントロールできる。「こう見せたい」というビジョンがはっきりしている場合は、レイアウトを参加者それぞれに委ねるのではなく、ホスト側で一括設定するとよいだろう。

　レイアウトには「ギャラリービュー」「スピーカービュー」のほか、「ホストのビューをフォロー」というモードがある。これはホストと参加者の画面レイアウトを常に同じにするという機能で、ホスト側がレイアウトを切り替えると、参加者全員の画面にも反映される。参加者側は特に何も操作する必要がなくなるので、テレビを見ているような感覚で参加できる。画面レイアウトの設定および解除は、「参加者」パネルの下部にある「…」（詳細）から行う（**図1**、**図2**）。

ホストの画面レイアウトを参加者全員に反映させる

⊙**図1** ミーティングコントロールの「参加者」をクリックし、「参加者」パネルを表示。その右下にある「…」（Mac版では「詳細」）をクリックし、「ホストのビューをフォロー」を選んでチェックを付ける

⊙**図2** ホストの画面（ギャラリービューまたはスピーカービュー）がそのまま参加者全員に共有される

Section 16 ウェビナー中、参加者からの質問に答える

　ウェビナーの「質疑応答」は、参加者からの質問および対応状況を管理できる機能だ。ウェビナー予約時に許可していれば（128ページ図4参照）、参加者からの質問を受け付けることができる。参加者に全ての質問を公開するのか、回答済みの質問のみを公開するのかは設定に準ずる。

　質疑応答は、ミーティングコントロールの「Q&A」から行う（**図1**）。回答は口頭で回答するか、テキストで回答するかを選ぶことができる（**図2**）。質問を却下することも可能だ。なおテキストで回答する際、「プライベートに送信」にチェックを入れておけば、質問者以外の参加者にその回答が見られることはない。

参加者が質問する

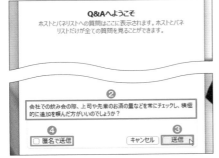

↑**図1** ミーティングコントロールの「Q&A」をクリックし（①）、質問を入力して（②）、「送信」をクリックする（③）。「匿名で送信」にチェックを入れれば、匿名で質問できる（④）

ホスト・パネリストが回答する

↑**図2** 参加者から質問があると、ホスト・パネリスト側の「Q&A」に通知バッジが表示されるため、クリックして対応する。口頭で回答したときは「ライブで回答」をクリックし、「応答済み」タブへ移動する。テキストで回答するときは「回答を入力」をクリックして回答を入力し、「送信」を押す。その際、「プライベートに送信」にチェックを入れておけば、質問者のみ回答を見られる

Zoom

Section 17　ウェビナー中にチャットでコミュニケーション

　ウェビナーの内容に関する感想や、ホスト・パネリストへの要望などを伝えたいときは、「チャット」機能を利用するとよい。参加者・ホスト・パネリストのいずれも、ミーティングコントロールの「チャット」から発言が可能だ（**図1、図2**）。参加者が発言する際の送信先は、「ホストとパネリスト」「全員」のいずれかを選ぶことができる。ホストとパネリストの場合は、「ホストとパネリスト」「ホストのみ」（ホストの立場なら「パネリストのみ」）「チャットの発信者」「全員」と、さらに細かく送信先を選べる。

　なお、ウェビナー予約時に「トークを許可」に設定しておくと、参加者は音声で発言することができる。

チャットでやり取りを行う

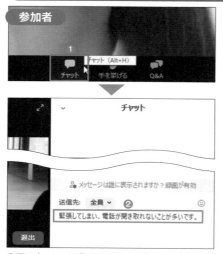

参加者

↑図1　ミーティングコントロールの「チャット」をクリックし（❶）、内容を入力して「Enter」キーを押す（❷）。送信先は「ホストとパネリスト」または「全員」から選ぶことができる。ファイルの送付はできない

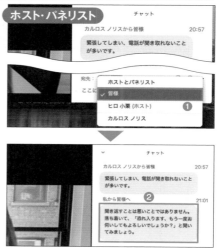

ホスト・パネリスト

↑図2　ホスト・パネリスト側の「チャット」に通知バッジが表示されるため、クリックする。送信先を設定し（❶）、内容を入力して、「Enter」キーを押すと送信される（❷）。なお、改行は「Ctrl」+「Enter」キーでできる

Section 18 ウェビナー中に投票を行い 参加者の意見を聞く

　参加者がただ画面を見つめているだけの一方通行のウェビナーは、単調になりがちで参加者に飽きられてしまう可能性がある。そこで活躍するのが、138ページで作成した「投票」だ。投票のイベントを発生させ、結果が出たら全員に共有して議論を進めれば、ウェビナー会場はさらに盛り上がるだろう。なお、投票を開始できるのはホストのみなので注意しよう。

　ホスト側でミーティングコントロールの「投票」をクリックし、あらかじめ作成しておいた投票を開始する（**図1**）。投票状況はリアルタイムでホストの画面に表示されるので（**図2**）、全員が投票したタイミングで終了し、共有しよう。なお、既定ではホストとパネリストは投票できないが、ウェビナー予約時に「パネリストの投票も許可する」にチェックを入れておけば、パネリストだけは投票できる。

ウェビナー中に投票を実施する

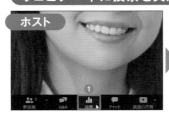

⊙**図1** ホストがミーティングコントロールの「投票」をクリックし（❶）、開く画面で「開始」を押すと投票を開始できる（❷）。ここで投票内容の編集も可能だ

⬆**図2** 投票が開始されると、参加者の画面には投票画面が表示される。投票状況は、リアルタイムでホストの画面に反映される。ホストが「投票を終了」をクリックすると終了でき、その後「共有」をクリックすると全員で結果を見ることができる。投票結果は、ホスト、オーナー、管理者のみウェビナー終了後にダウンロードできる

5章
ウェビナーの開催

Section 19 参加者を退出させて ウェビナーを終了する

Zoom

　終了予定時刻になったら、ウェビナーを終了する。ホストは参加者にお礼を述べ、退出を促そう。参加者は「退出」から退出できる（**図1**）。アンケートを準備していた場合（139ページ参照）、退出後にアンケートが表示される（**図2**）。

　最後にパネリストにもお礼を述べて退出してもらうが、ここで大事なのは、ホスト・パネリストともに最後まで気を抜かないことだ。感想などをパネリストと話し合う場合は、必ず参加者が全員退出したことを確認してから話を始めよう。

　パネリストも全員退出したら、ホストはウェビナーを終了する（**図3**）。

参加者がウェビナーから退出する

参加者

↑**図1** ミーティングコントロールの「退出」をクリックし、「ウェビナーを退出」をクリックすると、退出できる

↑**図2** 退出後、ウェブブラウザーにアンケートが表示された場合は、回答しよう

ホストがウェビナーを終了する

ホスト

←**図3** ホストは、ミーティングコントロールの「参加者」をクリックして、全員が退出したことを確認する。最後に「終了」をクリックし、さらに「全員に対してウェビナーを終了」をクリックして、ウェビナーを終了しよう

ウェビナーを
オンデマンド配信する

ウェビナーを録画してクラウドに保存している場合、オンデマンド配信（終了したウェビナーを後から自由に視聴できる配信）ができる。ウェビナーに参加できなかった人はもちろん、途中から参加した人にもうれしい機能だ。

録画された内容は、Zoomウェブポータルの「記録」→「クラウド記録」から確認できる。共有の設定を行い、参加者にメールでリンクとパスコードを送付しよう（図1）。メールを受け取ったらリンクをクリックし、パスコードを入力すれば視聴できる（図2）。

なお、オンデマンド配信も事前登録を必須にできるので、その場合はホストの承認後に視聴できる。

オンデマンド配信を行う

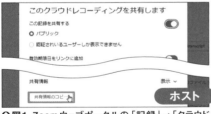

↑図1 Zoomウェブポータルの「記録」→「クラウド記録」をクリックし、記録されたデータの「共有」から共有方法を設定する。「共有情報のコピー」をクリックしてリンクとパスコードをコピーし、共有相手に送付しよう。事前登録の承認方法については、データ名をクリックして表示される画面の「登録設定」から設定できる

↪図2 参加者は、送られてきたメールにあるリンクをクリックし（❶）、事前登録を行う（❷）。自動承認に設定されていればそのままパスコード入力画面になるので、パスコードを入力して視聴しよう。手動承認の場合は一旦保留となり、承認されればその旨のメールが届く

Section 21 ミーティングやウェビナーを YouTubeでライブ配信する

　ミーティングやウェビナーをより多くの人に見てもらいたいなら、URLの告知だけではなく、YouTubeやFacebookなどのプラットフォームでライブストリーミング（配信）を行うのも手だ。Zoomだけを用いるウェビナーの最大参加人数に縛られることなく、多数の人にウェビナーを視聴してもらえる可能性が増す。配信は驚くほど簡単だ。

　ここではYouTubeを利用したライブ配信の方法を解説する。別途YouTubeのアカウントも必要になるので、あらかじめ作成しておこう。また、Zoomウェブポータルの「設定」画面でライブストリーミングを有効にしておくこと。あとはウェビナー開始後に「…」（詳細）からYouTubeへの配信を開始する（図1）。YouTubeにログインすると、自動的にエンコードが行われ、ライブ配信がスタートする（図2）。

Zoomを使えば簡単にライブ配信もできる

↑図1　Zoomウェブポータルの「設定」→「ミーティング」タブにある「ウェビナーのライブストリーミングを許可する」をオンにしておく（❶）。ウェビナーを開始したらミーティングコントロールの「…」（詳細）をクリックし（❷）、「YouTubeにてライブ中」を選択する（❸）

↑➡図2　YouTubeにログインするアカウントを選択し、「ライブへ」をクリックする。自動的にエンコード処理が行われ、YouTube上でライブ配信が始まる。配信画面右下にはZoomのロゴが表示される

ウェビナーのデータを
ダウンロードする

　「ウェビナーが終了したら、それで終わり」ではもったいない。Zoomはウェビナーに関するあらゆるデータを記録しているので、その内容を分析し、次回につなげよう。

　Zoomウェブポータルの「アカウント管理」→「レポート」→「ウェビナー」から、開催したウェビナーに関するさまざまなデータをCSVファイルでダウンロードできる（**図1**）。ダウンロードできるデータは6種類。ウェビナーに登録した人の詳細をまとめた「登録レポート」、実際の参加者をまとめた「参加者レポート」、ウェビナーの参加率や質問数をまとめた「パフォーマンスレポート」、質疑応答の内容をまとめた「Q&Aレポート」、投票結果をまとめた「投票レポート」、アンケート結果をまとめた「アンケートレポート」だ。ホストのほか、オーナーや管理者（使用状況レポートの表示が許可されている場合のみ）も、アカウント内のユーザーが主催したウェビナーであればデータをダウンロードできる。

多彩なデータをダウンロードできる

↑→↓図1 Zoomウェブポータルで「アカウント管理」→「レポート」をクリックし、「ウェビナー」をクリックする（❶）。欲しいレポートのタイプを選択し（❷）、対象のウェビナーを選択したら（❸）、「CSVレポートを作成」をクリックすると（❹）、ダウンロードできる

5章

ウェビナーの開催

第6章

トラブル解決

音が出ない！
映像が映らない！
ミーティングに参加できない！？
そんなよくあるトラブルの対処法から、
もっと顔の映りを良くする方法、
お薦めのカメラやマイクまで、
お役立ち情報を一挙紹介。
快適なテレワーク生活に役立ててほしい。

Zoom

Section 01 音声が届かない／聞こえない！ そんなときのチェックポイント

　いざミーティングを開始しようと挨拶したところ、相手から「すみません、声が聞こえないのですが……」との声。焦る気持ちを抑えて、1つひとつ原因を探そう。

　まずはマイクが「ミュート」（音声を拾わない状態）になっていないかを確認する。ミーティングコントロールのマイクのアイコンに斜線が引かれ、「ミュート解除」と表示されている場合はミュート状態なので、クリックして解除しよう（**図1**）。なお、ミーティングによってはホストが参加者全員をミュートにして、参加者が解除できない設定にしている場合もある（73ページ参照）。

　マイクのアイコンがヘッドホンになり、「オーディオに接続」と書かれている場合は、マイクへのアクセスが許可されていない（有効になっていない）状態だ。クリックして「コンピューターでオーディオに参加」をクリックし、マイクを有効にしよう（**図2**）。

マイクのミュートを解除する／マイクを接続する

⬆**図1** 赤い斜線が引かれて「ミュート解除」と表示されている場合は、ミュート状態だ。クリックして解除しよう

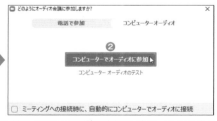

⬆**図2** 「オーディオに接続」と表示されている場合は、マイクへのアクセスが許可されていない。アイコンをクリックして（**❶**）、「コンピューターでオーディオに参加」をクリックしよう（**❷**）

パソコンに複数のスピーカーやマイクを接続している状態で音声が届かない／聞こえない場合、オーディオの設定が正しいかを確認してみよう（**図3**）。

スマホで自分の声が相手に届かない場合は、Zoomアプリによるマイクへのアクセスを許可していない場合がある。「設定」アプリを起動し、マイクを許可しよう（**図4**）。

なお、相手の音声が聞こえないときは、デバイスのスピーカー音量が小さくなっている可能性がある。Windowsの場合、タスクバー（Macの場合はメニューバー）のスピーカーアイコンをクリックして、音量を上げてみよう（**図5**）。

オーディオ設定を確認する

⮥**図3** デスクトップアプリの「設定」画面で「オーディオ」を選択し（**1**）、スピーカーとマイクの設定を確認。スピーカーやマイクなどが複数接続されている場合、利用する機器を変更することで、復旧する可能性がある（**2**）。なお「自動で音量を調整」にチェックを入れておくと状況に合わせて音量が自動調整されるが（**3**）、これを外すと手動で調整できる

スマホでマイクへのアクセスを許可する

 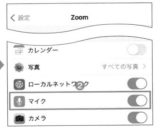

⮥**図4** スマホの場合は「設定」アプリを起動し、「Zoom」をタップする（**1**）。続いて、「マイク」のスイッチをタップしてオンにしよう（**2**）。なお、この画面で「カメラ」のスイッチをオンにすると、Zoomにおけるビデオ表示が許可される

スピーカーの音量を上げる

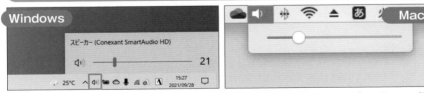

⮥**図5** タスクバーやメニューバーにあるスピーカーのアイコンをクリックし、音量のスライダーを動かして、相手の音声が聞こえるかを確認しよう

Section 02 映像が映らないときは ビデオの設定を確認

　ミーティング開始時、なぜか自分の映像だけが映っていない――。カメラが壊れたのではと疑いたくなるが、その前に以下の点をチェックしてみよう。

　まずは156ページのマイクと同様、ミーティングコントロールを確認しよう。ビデオのアイコンに斜線が引かれ、「ビデオの開始」と表示されている場合は、ビデオがオフの状態だ。このアイコンをクリックしてオンにしよう（**図1**）。

　デスクトップアプリの「設定」画面で「ビデオ」を選択し、カメラの設定を確認してみるのも有効だ（**図2**）。利用するカメラを変更することで、表示される可能性もある。なお、同じ画面の「ミーティングに参加する際、ビデオをオフにする」にチェックが入っていると、ミーティング参加直後のビデオ表示がオフの状態になり、そのつど自分でオンにする必要がある。これが煩わしい場合は、チェックを外しておくのも手だ。

　スマホの場合もマイクと同様に、カメラへのアクセスを許可する必要がある。「設定」アプリからカメラへのアクセスをオンにしよう（前ページ図4参照）。

ビデオの設定をチェックする

⬆図1　赤い斜線が引かれ「ビデオの開始」と表示されている場合は、ビデオがオフになっている。クリックしてオンにしよう

⬇図2　デスクトップアプリの「設定」画面で「ビデオ」を選択して設定項目を表示し、カメラの名称などを確認しよう。カメラが複数ある場合は、変更することで表示される可能性もある

Section 03 動画の音が聞こえないときは音の共有設定をする

　Zoomでは、「画面共有」（76ページ参照）から動画の共有もできる。共有する動画を先に開いておき、「共有するウィンドウまたはアプリケーションの選択」画面で、対象の動画を指定すればよい（**図1**）。

　このように共有自体はなんら難しくないのだが、1つワナが隠されている。動画を指定する際、画面の左下に小さく表示されている「音声を共有」のチェックが外れていると、音が共有されない。共有時にチェックを入れることはもちろん、もし参加者から「音が聞こえない」という指摘があったら、ここを確認してみよう（**図2**）。

　ちなみに、同じ画面の「ビデオクリップに最適化」にチェックを入れると動画が滑らかに再生されるようになるが、その分、通信量が増加する。通信速度が遅い状況下では、かえって映像や音声に遅延が発生する可能性もあるので注意しよう。

動画を共有する際は、音も共有する

図1 「画面の共有」をクリックし（❶）、「共有するウィンドウまたはアプリケーションの選択」画面で、動画プレーヤーのウィンドウを選択する（❷）

図2 「音声を共有」にチェックを入れて共有する。右の「∨」をクリックするとモノラルかステレオかを設定できる。なお、「詳細」タブにある「ビデオ」からも動画を共有できるが、これはZoom内のビデオプレーヤーを利用する。再生できる動画の形式がMOV形式とMP4形式のみなので、ほかの形式の動画を再生するなら、上記の通りパソコン内の動画プレーヤーで開き、そのプレーヤーの画面を共有しよう

6章 トラブル解決

Section 04 ミーティングに参加できない！考えられる原因は？

ミーティングに参加しようと思っても、なぜか参加できない――。そんなときは、状況に応じて以下の点をチェックしよう。

ミーティングID／ミーティングパスコードの入力時に参加できない場合、入力した内容が正しいかをチェックする（**図1**）。その際、単純な入力間違いもさることながら、別のミーティングの情報を入力していないかも確認したい。

「待機室」が有効になっている場合は、ホストが許可をしないと参加できない。一向に参加が許可されない場合は、ホストが見逃している可能性がある。メールや電話など別の手段を使い、許可してほしい旨を依頼しよう。

ミーティングやウェビナーには、参加人数の上限がある。上限はホスト側が契約しているプラン内容によって異なるが、これを超えてしまった場合は参加できない。ホスト側で人数調整をする、あるいはプランを変更するなどの対処が必要だ。

スマホから参加する場合は、パソコンと違いアプリが必須になる。ストアアプリからインストールしよう（23ページ参照）。

なお、一度参加したミーティングから強制退出させられた場合、そのアカウントは同じミーティングに再び参加することはできない（170ページ参照）。

ミーティングIDとパスコードをチェック

◯◯図1 ミーティングIDとミーティングパスコードの入力が誤っていると、エラーメッセージが表示される（左）。招待メールを再度確認し、正しいIDとパスコードを入れ直そう（下）

Section 05 ミーティングが40分で強制終了したときの対応

　議論がどんなに白熱していても、ホスト側が無料プランの場合、40分が経過するとミーティングが強制終了され、容赦なくプツッと切れてしまう。

　こんなときは、同じミーティングにもう1回参加しよう（**図1**）。招待リンクを再度クリックするか、ミーティングIDとパスコードを再入力すればよい。ただし、予約したミーティングには再参加できるが、インスタントミーティングは招待からやり直す必要がある。

　一方、1対1（2アカウント）なら無料プランでも実質時間制限がない。社内の人間を会議室に集め、パソコン1台で複数人が参加するといった工夫も有効だ（**図2**）。

　ただ、ダラダラと話し合いを続けるのも考えもの。発想を転換し、40分ごとに1回休憩を取る、あるいは打ち合わせの時間を40分までとし、時間がきたら思い切って終わらせてしまうのもアリだ。

40分でミーティングが強制終了してしまったら…

小栗ヒロ
To 自分 ▼

Zoomミーティングに参加する
https://us02web.zoom.us/j/81369707934?pwd=N3ZERmtxY3FmQWZmSjFPdGZDU0pf

ミーティングID: 813 6970 7934
パスコード: 851249
ワンタップモバイル機器
+12532158782,,81369707934#,,,,*851249# 米国 (Tacoma)
+13017158592,,81369707934#,,,,*851249# 米国 (Washington DC)

◆図1 ミーティングが強制終了してしまったら、招待リンクをクリックするかミーティングIDとパスコードを入力してもう一度参加しよう。なお、再参加は予約したミーティングのみで可能な機能だ。インスタントミーティングの場合は、改めて招待から行う必要がある

◆図2 1アカウントに複数人が参加し、1対1（2アカウント）の状況を作ることで、無料プランでも40分以上のミーティングが可能となる。もちろん、ホストが有料版を購入すれば、複数アカウントの参加でも時間制限なくミーティングできる（厳密には最大30時間）

6章 トラブル解決

自分のカメラ映りを
もっときれいにする

　テレワークにより普段は外見に気を使うことなく仕事ができていたとしても、ビデオミーティングともなると、相手に自分の顔を見せる必要が出てくる。少しでも相手に与える印象を良くするためには、ビデオの映りにも気を配りたいものだ。

　Zoomにはズバリ「外見の補正」というありがたい機能がある。デスクトップアプリの場合、「設定」画面の「ビデオ」から設定できる（**図1**）。スマホアプリでもiOS版では利用可能だ（**図2**）。肌に補正をかけてきれいに見せてくれる。

　もう1つ気を付けたいのが、カメラの位置だ。ノートパソコンの場合は特に、カメラの位置が自分の顔より下になるので、相手の画面には、こちらが終始見上げているような、不自然なアングルで映ってしまいやすい。この問題に関しては、スタンドを導入することで解決する。スタンドでカメラの位置を目線の高さまで持ち上げることで、自然なアングルに調整できる（**図3**）。

Zoomの設定で美肌にする

●**図1** デスクトップアプリで「設定」画面を表示し、「ビデオ」を選択（❶）。「外見を補正する」にチェックを入れ（❷）、スライダーで補正の度合いを調整する（❸）

●**図2** スマホアプリ（iOS版）の場合は「設定」（❶）→「ミーティング」（❷）とたどり、「外見を補正する」のスイッチをオンにする（❸）

映像の質を高めるには、カメラそのものの品質ももちろん重要だが、それ以上に明るさの確保が肝要だ。部屋の真上にあるライトだけでは顔に光が当たりづらく、どうしても暗い印象になりがちである。

Zoomは基本的に明るさを自動調整するが、デスクトップアプリなら手動で調整できる。映像が暗いと感じたら、明るめに調整してみよう（**図4**）。

さらにこだわるなら、顔の近くにライトを設置するのもお勧めだ（**図5**）。まず、逆光は顔を暗くしてしまうので、窓を背にするのは避けるかカーテンを閉める。そのうえで、顔の前にライトを設置しよう。これで、顔の印象を明るく見せることができる。

スタンドでカメラの位置を上げる

◯**図3** サンワサプライのノートパソコンスタンド「CR-43」（実売価格2000円前後）。このようなスタンドを使い、カメラの位置を上げることで、目線と同じ高さに調整できる。スタンドは放熱性を高めたり、姿勢をまっすぐに保ったりする効果もあるので、長時間ノートパソコンを利用する人にもお薦めだ

明るさを確保する

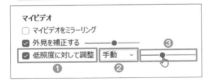

◯**図4** 図1と同じ画面で「低照度に対して調整」にチェックを入れ（❶）、「手動」に設定すると（❷）、スライダーで明るさを調整できる（❸）

◯**図5** サンワサプライのウェブカメラ用LEDライト付きスタンド「CMS-STN2BK」（実売価格7000円前後）。リングライトは広い範囲に光を当てることができ、顔の印象が明るくなる。なおライトは下から照らすと顔に影ができてしまうので、顔の高さに合わせて設置しよう

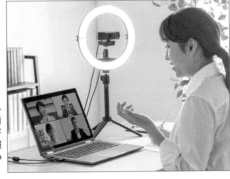

6章

トラブル解決

Section 07 カメラやマイクにこだわって会議の質を向上させる

　ミーティングをもうワンランク上質なものにしたい……。そう思ったときが、外付けカメラやマイクといった専用の機器を導入するタイミングといえるだろう。驚くほど映像や音声がクリアになり、ミーティングもスムーズに進むはずだ。

　ウェブカメラは、画質向上を目的とするのはもちろん、1台のパソコンから複数人で会議に参加する際にも必須のアイテムだ。例えばAnkerのUSBカメラ「PowerConf C300」は小型ながら最大115度の広角レンズを採用。フルHDの高画質で、人物も書類の文字もきれいに表示する（**図1**）。

　こちらの声が聞こえづらいために、相手に何度も聞き返させてしまっては印象も良くない。そこでお薦めなのが、外付けマイクだ。Blue Microphonesの「Yeti」は、プロの音楽家も利用する高音質のUSBマイク。まるですぐ隣で話しているかのような、クリアな音声で会話できる（**図2**）。

フルHD対応のウェブカメラ

↑**図1** AnkerのUSBカメラ「PowerConf C300」（実売価格1万円前後）。フルHDの高画質なウェブカメラで、高速なオートフォーカスが特徴。最大115度の画角で撮影できるので、複数人が1台で参加する場合にも最適だ。なおZoomでは、市販されているUSB接続のウェブカメラのほとんどを利用できる。一般的なデジタルカメラやミラーレスカメラでも、UVC（USB Video Class）対応のものであれば使用できる

単一指向性のマイク

↑**図2** Blue MicrophonesのUSBマイク「Yeti」（実売価格1万9000円前後）。ミュージシャンのみならず、動画配信をする人などにも人気の製品だ。音を一方向からのみ拾う「単一指向性モード」にすることで、周囲の音を拾いにくくし、話し手の声をクリアに送信する

18ページでも解説した通り、イヤホンやヘッドセットを導入すると、相手の声をしっかり聞くことができるので、聞き直しや取りこぼしを防止できる。EPOSのUSBステレオヘッドセット「PC 8 USB」は安価ながら申し分ない音質で、軽量なので長時間の会議でも疲れにくい（**図3**）。またApple製品を使っている人なら、Apple製品と相性バツグンの「AirPods Pro」は外せないだろう（**図4**）。

続いては、会議室などの広い空間で活躍するスピーカーフォンだ。Ankerの「PowerConf」はBluetooth接続なのでどこにでも設置できるうえ、6つの全指向性マイクで会議室全体の声をしっかり集められる（**図5**）。サンワサプライの「CMS-V47BK」はカメラ・マイク・スピーカーが1つになっており、これをUSBケーブルでパソコンに接続するだけで、すぐにミーティングが始められる優れものだ（**図6**）。

ヘッドセットやイヤホンで確実に聞き取る

◆図3 EPOSのUSBステレオヘッドセット「PC 8 USB」（実売価格5000円前後）は、この価格ながら音質もマイクもいうことなし。USB有線接続のため、音声も途切れることなく安定する。手元で操作できる音量／ミュートスイッチも搭載

◆図4 Appleの「AirPods Pro」（実売価格3万円前後）は、装着感も申し分なく、ノイズキャンセリングや外部音取り込みモードなど機能も優れている

会議室ではスピーカーフォンを使いたい

◆図5 Ankerの高性能スピーカーフォン「PowerConf」（実売価格1万3000円前後）は、6つの全指向性マイクを搭載。満充電で最大24時間の連続使用が可能なのも魅力だ

◆図6 サンワサプライのカメラ内蔵USBスピーカーフォン「CMS-V47BK」（実売価格3万7000円前後）はカメラ・マイク・スピーカーが一体となった製品。カメラはフルHDの高画質、最大画角も105度と広い

Section 08　携帯電話から音声のみで ミーティングに参加する

出張先のパソコンにマイクやスピーカーがない、会社支給のスマホにもアプリをインストールできない、インターネットもつながらない……。こんな状況でも、諦めるのはまだ早い。Zoomなら、電話回線を使って音声のみで参加できる。ただし電話回線が利用できるのは、ホストが有料プランを契約している場合、かつ電話での参加を許可している場合に限られる（**図1**、**図2**）。

電話参加が可能な場合は、招待メールに電話番号が書いてある。3つの番号のうちいずれかに発信し、ミーティングID、ミーティングパスコードの順で入力して参加しよう（**図3**、**図4**）。ただし通話料金がかかるので、その点は注意が必要だ。

電話をかけてミーティングに参加する

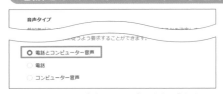

↑**図1** Zoomウェブポータルの「設定」で「音声タイプ」を「電話とコンピューター音声」にすることで、電話での参加が可能になる。誤って電話で参加しないように、あえて「コンピューター音声」のみにしておくのもよいだろう

↑**図2** 同じく「設定」の「オーディオカンファレンス」タブにある「グローバルダイアルインの国/地域」を「日本」に設定すれば、発信先が日本になるので、比較的通話料金を抑えられる。ここで「参加者リストの電話番号をマスキング」をオンにすると、参加時に名前の代わりに表示される電話番号の一部を隠すことができる

↻**図3** 携帯電話でメールに記載されている電話番号のどれかに発信する。頭の「＋81」は日本の国番号なので無視し、「0」に置き換えよう。音声ガイダンスで説明される「パウンド」は「＊」のことだ

↻**図4** ミーティングIDとパスコードを入れると、電話での参加が始まる。「参加者」パネルを確認すると、音声で参加していることがわかる

画面に映る自分の書類が
反転して見える現象を直す

　参加者に手元の資料を見せようとカメラにかざしてみたところ、文字が反転して映り、混乱してしまったことはないだろうか。これは自分の映像を鏡のように表示する「ミラーリング」設定がオンになっているからだ（**図1**）。ただし反転して見えているのは自分だけで、相手からは反転して見えないため、そのままでも特段問題はない。

　画面上の文字が読めないと説明に支障をきたすなど、ミラーリングをやめたいという場合は、デスクトップアプリの「設定」画面で「ビデオ」を選択し、「マイビデオをミラーリング」をオフにすることで解除できる（**図2**）。なおミーティング中に反転を解除したいときは、ミーティングコントロールの「ビデオの停止」の右にある「∧」をクリックし、「ビデオ設定」を選ぶと、すぐにビデオの設定画面を開くことができる。

ミラーリング機能をオフにする

マイビデオ
- ☑ マイビデオをミラーリング
- ☐ 外見を補正する
- ☐ 低照度に対して調整

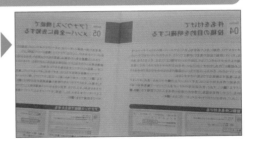

◐◑図1 デスクトップアプリの「設定」→「ビデオ」にある「マイビデオをミラーリング」がオンになっていると、自分の画面には鏡のように反転して表示される

マイビデオ
- ☐ マイビデオをミラーリング
- ☐ 外見を補正する
- ☐ 低照度に対して調整

◐◑図2「マイビデオをミラーリング」をオフにすることで、参加者と同じ反転なしの映像になる。カメラに資料の文字などを映しながら説明するといった場合に便利だ。なおスマホアプリの場合は「設定」→「ミーティング」からオフにできる

6章

トラブル解決

Section 10　Zoomのセキュリティ対策をしっかり行う

　Zoomは急速に普及する過程で、荒らし行為が発生したり、暗号化方式の脆弱性が指摘されたりなど、セキュリティ面が問題視されたこともあった。そのため、パスワードの義務化や「待機室」の設置など、大幅なセキュリティ対策がなされた。

　もちろん、「だから手放しで安心してよい」というわけではない。ここでは、ホスト側が行っておくべきセキュリティ設定を解説する。

　まずは、待機室の設置。ホストが許可するまではユーザーが勝手に参加することができなくなるため、部外者が侵入するなどのトラブルを防げる（**図1**）。

　待機室を設置しない場合は、ホストが参加するまではユーザーが参加できないように設定するのも手（**図2、図3**）。不審なユーザーをホスト側で見つけやすくなる。

「待機室」を有効にする

●**図1** Zoomウェブポータルで「設定」画面を表示し、「待機室」のスイッチをオンにすると、予約するミーティングにデフォルトで待機室が設置される。なお「ユーザー管理」で管理しているユーザー全員に設定したい場合は「アカウント管理」→「アカウント設定」から、グループ単位で設定したい場合は「ユーザー管理」→「グループ管理」からそれぞれ同様の設定ができる

「ホストより先に参加する」をオフにする

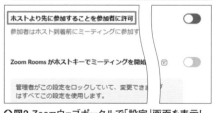

↑**図2** Zoomウェブポータルで「設定」画面を表示し、「ホストより先に参加することを参加者に許可」のスイッチをオフにする

↑**図3** 参加者にはこのような画面が表示され、ホストがミーティングを開始するまでは待機状態となる

ミーティングが始まってからも、さまざまなセキュリティ設定が可能だ。「ミーティングのロック」機能を使うと、ミーティングに鍵をかけ、ほかの人の入室を禁止できる。ミーティングコントロールの「セキュリティ」をクリックして表示されるメニューから設定できる（**図4**）。ただし、一時的に退出した人も再参加できなくなるので注意しよう。

　このメニューでは、ほかにも参加者の行動に関する設定が可能だ。チャット、画面共有、名前の変更、ミュート解除など、参加者の行動を適宜制限しよう。

　私語を控えさせ、会話によるトラブルを防ぐには、全ての参加者を一括でミュートにし、自分で解除できないようにするのも手だ（73ページ参照）。ミーティング予約時に、最初から参加者全員をミュートにすることもできる（**図5**）。

　最後にもう1点、利用する環境によっては周囲に音声を聞かれてしまう点に注意したい。これはイヤホンを利用する、個室を使うなどで対策しよう。

ミーティングをロックする／参加者の行動をコントロールする

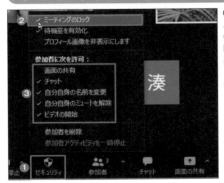

⊖**図4**「ミーティング」画面で、ミーティングコントロールの「セキュリティ」をクリックする（❶）。「ミーティングのロック」をクリックしてチェックを入れると（❷）、その時点で参加しているユーザー以外をブロックする。必要なメンバーが全員参加したらロックしよう。そのほか、「参加者に次を許可」の項目で、ミーティング内における参加者の挙動を制限できる（❸）

スタート時には全員ミュートにする

⊖**図5** ミーティングの予約時、「詳細オプション」で「エントリー時に参加者をミュート」にチェックを入れておくことで、参加者全員をミュート状態にしてスタートすることができる

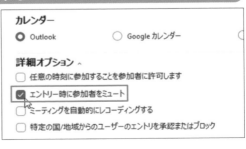

Section 11 ミーティングに関係のない人を退出させる

何かのトラブルで無関係なユーザーがミーティングに入ってきてしまった場合や、迷惑行為を行ったユーザーに対して、ホストは強制退出の処置を行うことができる。有意義なミーティングにするためにも、以下の対処方法を覚えておこう。

「待機室」を有効にしている場合は、ミーティング参加前に対処できる。削除したいユーザーにマウスポインターを合わせて、「削除」をクリックして削除しよう（**図1**）。待機室を有効にしていない場合や、ミーティング中に迷惑行為を繰り返すような参加者がいたら、ミーティングコントロールの「セキュリティ」→「参加者を削除」から削除が可能だ（**図2**）。なお、いずれの場合も、一度削除するとそのミーティングには二度と参加できない。ユーザーを間違えないよう、よく確認してから対処しよう。

待機室にいるユーザーを削除する

⊙**図1** 待機室の場合は、ミーティングコントロールの「参加者」をクリックする。参加者パネルの「待機室」にいるユーザーの名前を確認し、削除したいユーザーにマウスポインターを合わせて、「削除」をクリックすると削除される

「ミーティング」画面でユーザーを強制退出させる

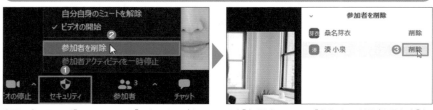

⊙**図2** ミーティングコントロールの「セキュリティ」をクリックし（❶）、開くメニューで「参加者の削除」を選択（❷）。参加者の一覧が表示されるので、退出させたい人の「削除」をクリックしよう（❸）。最後に確認のメッセージが表示されたら、もう一度「削除」をクリックすると強制退出となる

開催時刻に近づいたら リマインダーで知らせる

業務に熱中しすぎて、セッティングしたミーティングをうっかり忘れてしまっては、本末転倒だし他人に迷惑をかけてしまう。取り返しのつかないことになる前に、念には念を入れて、Zoomの「リマインダー」機能で開始前に知らせてもらおう。

まずはZoomウェブポータルの「設定」画面で、「次回のミーティングのリマインダー機能付き」をオンにしよう（**図1**）。リマインダーを表示する時間については、デスクトップアプリの「設定」画面の「一般」から設定できる（**図2**）。設定した時間になると、通知が表示される（**図3**）。

なお、この機能はパソコンのみで利用できる。

リマインダーを設定する

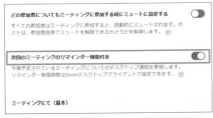

↑**図1** Zoomウェブポータルの「設定」画面を開き、「次回のミーティングのリマインダー機能付き」のスイッチをオンにする

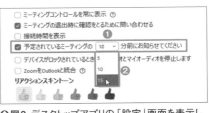

↑**図2** デスクトップアプリの「設定」画面を表示し、「一般」をクリックして、「予定されているミーティングの〇分前に…」にチェックを入れる（①）。続いて、リマインダーを表示する時間を設定する（②）

⇦**図3** Windowsの場合は右下に通知が表示される。「開始」をクリックするとすぐ開始でき、「スヌーズ」をクリックすると5分ごとに開始時刻まで再通知される。開始時刻になると「スヌーズ」が「却下」に変わる

6章

ト
ラ
ブ
ル
解
決

Section 13 画面を共有する際は 通知を非表示にする

　スマホの画面をほかの人に見せているとき、ふいに通知が表示され、気まずい思いをしたことがある人は少なくないだろう。Zoomで自分のデスクトップ画面を全員に共有しているときに同様の出来事が発生してしまうと、情報漏洩にもつながりかねない。

　情報漏洩を防止するために、画面共有前に行うべき対策は2点。まずは通知だが、これはWindowsの「設定」画面でオフに設定しよう（**図1**）。次にデスクトップアイコンだ。ファイル名などから情報漏洩する可能性を防ぐため、デスクトップアイコンも一時的に非表示にしておくとよいだろう（**図2**）。

通知を一時的にオフにする

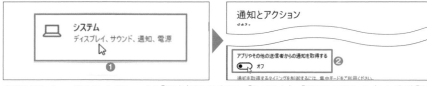

◔**図1** Windowsのスタートメニューから「設定」画面を表示し、「システム」→「通知とアクション」とたどり（❶）、「アプリやその他の送信者からの通知を取得する」のスイッチをオフにする（❷）。iPhone／Macの場合は、コントロールセンターで「おやすみモード」に設定すればよい（Androidはクイック設定パネルで「サイレントモード」に設定する）

デスクトップアイコンを一時的に非表示にする

◔◔**図2** Windows10の場合、デスクトップ画面上で右クリックし、メニューから「表示」→「デスクトップアイコンの表示」を選んでそのチェックを外す（❶❷）。チェックを入れれば再び表示される

Section 14 バージョンアップで最新の状態にする

　ミーティング開始の5分前。そろそろ参加しようとZoomを起動したところ、急にアップデートが始まってしまった！これではミーティングに間に合わないかもしれない……。こんな冷や汗ものの経験をしたことがある人もいるだろう。

　ミーティングで大切なのは、とにもかくにも事前準備だ。あらかじめZoomを起動し、アップデート情報がないかチェックしておくことをお勧めする（図1、図2）。

　スマホの場合は、各ストアアプリでプロフィールアイコンをタップして、アップデート情報が公開されているか確認できる。

Zoomを最新版にアップデートする

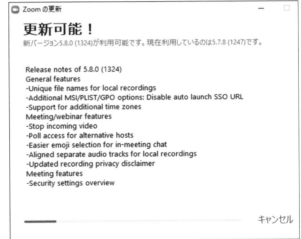

◐図1 デスクトップアプリの画面右上にあるプロフィールアイコンをクリック（❶）。開くメニューで「アップデートを確認」を選ぶ（❷）

◐図2 「更新可能！」というメッセージが表示されたら、新しいバージョンが公開されている。なおこの画面が表示されると更新が自動で始まるが、「キャンセル」のクリックでキャンセルも可能だ

リブロワークス

書籍の企画、編集、デザインを手がけるプロダクション。取り扱うテーマは SNS、プログラミング、Web デザインなど IT 系 を中心に幅広い。最近の著書は『今すぐ使えるかんたんEx PowerPoint ビジネス作図プロ技BESTセレクション』(技術評論社)、『スラスラ読める Pythonふりがなプログラミング 増補改訂版』(インプレス)、『LINEがぜんぶわかる本 最新決定版』(宝島社)など。
https://www.libroworks.co.jp/

ビデオ会議&ウェビナーまるわかり!

Zoom実用ワザ大全

2021年11月29日　第1版第1刷発行

著　　　　者	リブロワークス	
編　　　　集	田村規雄(日経PC21)	
発　行　者	中野 淳	
発　　　　行	日経BP	
発　　　　売	日経BPマーケティング	
	〒105-8308　東京都港区虎ノ門4-3-12	

装　　　　丁	小口翔平+阿部早紀子(tobufune)
本文デザイン	桑原 徹+櫻井克也(Kuwa Design)
制　　　　作	リブロワークス
印刷・製本	図書印刷株式会社

ISBN978-4-296-11110-7